·高等学校计算机基础教育教材精选·

Access数据库技术与应用

陈　振　陈继锋　主编

梁　华　高海波　宁　朝　副主编

陈之信　主审

清华大学出版社
北京

内 容 简 介

本书系统介绍 Access 数据库的基本知识和基本操作,主要内容包括数据库的基本知识、数据库、表的创建与维护、查询、窗体、报表、数据访问页以及宏的创建与应用,模块与 VBA 的知识,本书最后一章为数据库应用系统的开发与集成。

本书内容翔实,文字简练,图文并茂,并紧扣全国计算机等级考试中二级 Access 数据库程序设计考试大纲的要求。本书以一个数据库应用系统开发实例贯穿于各个章节的实验,实验按照先"使用"再"分析与实现",最后"集成与调试"的思路设计。

本书结构严谨,内容丰富,可操作性和实用性强,提供了完整的电子教案,也提供了书中习题部分的参考答案,既可以作为高等学校非计算机专业的数据库技术与应用课程教材,也可以作为全国计算机等级考试考生的学习参考用书。

本书封面贴有清华大学出版社防伪标签,无标签者不得销售。

版权所有,侵权必究。侵权举报电话:010-62782989　13701121933

图书在版编目(CIP)数据

Access 数据库技术与应用/陈振,陈继锋主编. —北京:清华大学出版社,2011.3
(高等学校计算机基础教育教材精选)
ISBN 978-7-302-24832-3

Ⅰ. ①A…　Ⅱ. ①陈… ②陈…　Ⅲ. ①关系数据库－数据库管理系统,Access－高等学校－教材　Ⅳ. ①TP311.138

中国版本图书馆 CIP 数据核字(2011)第 015781 号

责任编辑:白立军　赵晓宁
责任校对:徐俊伟
责任印制:李红英

出版发行:清华大学出版社		**地　址**:北京清华大学学研大厦 A 座	
http://www.tup.com.cn		**邮　编**:100084	
社　总　机:010-62770175		**邮　购**:010-62786544	
投稿与读者服务:010-62795954,jsjjc@tup.tsinghua.edu.cn			
质　量　反　馈:010-62772015,zhiliang@tup.tsinghua.edu.cn			

印　装　者:北京鑫海金澳胶印有限公司
经　销:全国新华书店
开　本:185×260　**印　张**:17.5　**字　数**:412 千字
版　次:2011 年 3 月第 1 版　**印　次**:2011 年 3 月第 1 次印刷
印　数:1~7500
定　价:29.50 元

产品编号:041134-01

前言

　　随着计算机的日益发展与广泛应用,数据库技术已经成为信息技术的重要组成部分。目前,数据库技术已成为现代计算机信息系统和计算机应用系统的基础与核心。对于正在高校各专业学习的学生而言,学习一种数据库管理系统的应用技术,掌握相应的数据库应用系统开发技能是信息技术发展对学生的要求。作为 Microsoft 的 Office 套件产品之一,Access 已成为国际上非常流行的桌面数据库管理系统。Access 具备高效、可靠的数据管理方式,面向对象的操作理念,以及良好的可视化操作界面,使得学习者可以通过学用结合的方式,直观地学习并掌握数据库基本技术与应用,进而获取设计与开发小型数据库应用系统的能力。

　　本书首先介绍 Access 的基本知识和基本操作,让读者对 Access 有一个基本的认识;接着依次介绍了数据表、查询、窗体、报表和数据访问页的设计以及宏与模块的设计与使用,最后介绍了数据库应用系统的开发与集成方法。本书每章均附有习题与实验,实验以高校教师信息管理系统的设计、开发与集成的过程为蓝本,实验内容前后呼应,学生完成所有实验后可以得到一个数据库应用系统,这种安排与组织方式可以使读者对利用 Access 设计小型桌面数据库系统有更全面的认识。

　　本书的特点是以一个数据库应用系统开发实例贯穿各个章节的实验,实验内容按照先"使用"再"开发",最后"集成"的思路设计。本书提供各章例题与实验的原始素材,也提供各个实验的结果素材,前一实验的结果是后一实验的起点素材,这种素材设计方式既能确保学生实验起点的同步,也能加深学生对数据库应用系统开发的认识。

　　本书由陈振、陈继锋任主编,梁华、高海波、宁朝任副主编,邹竞、郭红宇、谌文芳、徐红、杨顺、陈艳丽、王娟、王凌风等教师在整理材料方面给予了编者很大的帮助,在此表示感谢。

　　尽管作者尽心尽力、精益求精,但书中难免会有遗漏和不妥之处,恳请专家和广大读者不吝赐教,批评指正。

作　者
2010 年 11 月

本书编写的特点：

（1）内容精炼，叙述力求深入浅出、层次分明、重点突出和联系实际。

（2）理论的完整性与工程实用性相结合，培养数据库系统的开发能力。

（3）实验部分以一个完整的数据库应用系统开发为实例，从需求分析到系统功能实现以及系统的集成等全过程作为实验内容，前后连贯，承前启后。

（4）本书提供各章例题与实验的原始素材，也提供各个实验的结果素材，前一实验的结果是后一实验的起点素材。

（5）提供完整的电子教案与习题部分的参考答案。

目录

第 1 章　数据库技术概述

随着计算机技术的发展,数据库技术已经成为现代信息技术的重要组成部分。目前,数据处理已成为计算机应用的主要方面,数据处理的核心问题是数据管理,而数据库正是研究数据管理的技术,它体现了当今先进的数据管理方法。本章主要介绍数据库的相关基础知识,以及 Access 的基础知识。

主要学习内容
- 数据库的基础知识;
- 关系数据库的基础知识;
- 关系数据库的设计;
- Access 数据库的基础知识。

1.1　数据库的基础知识

数据库技术是从 20 世纪 60 年代末发展起来的计算机软件技术,它的产生与发展带动了计算机在各行各业数据处理中的广泛应用。数据库能把大量的数据按照一定的结构存储起来,在数据库管理系统的集中管理下,实现数据共享。

1.1.1　数据库的基本概念

1. 信息与数据

简单地说,信息(Information)是对客观事物属性的反映,这种反映指的是客观世界中的事物某一方面的属性或某一时刻的表现形式。人们把对事物的属性与表现形式的反映称之为信息。数据(Data)是反映客观事物属性的物理符号的记录。数据的表现形式可以是文本、数字、图形、声音与视频等,这些数据最终以消息、情报与知识等具体形式提供给人们。数据是信息的具体表现形式,也是信息的载体。

计算机中的数据一般分为两类:一类与计算机程序仅有短时间的交互关系,它随着程序进入内存,也随着程序的结束而消亡,这种数据被称为临时性数据;另一类数据则存储在计算机的外存储器(硬盘、U 盘等)上,计算机系统能够长期使用它们,这类数据被称为永久性数据。数据库中的数据就是这种永久性数据之一。

2. 数据处理

所谓数据处理指的是对各种类型的数据进行收集、存储、分类、计算、加工、检索以及传输的过程。如对数据进行计算、把数据生成报表打印等都属于数据处理的范畴。数据处理的核心问题就是数据管理。

在计算机系统中,使用外存储器来存储数据;通过软件系统来管理数据;通过应用系统对数据进行加工处理。

3. 数据库

数据库(Database,DB)顾名思义就是存放数据的仓库,只不过这种仓库是放在计算机存储设备上,并按一定的组织结构来存放数据。当人们收集并整理出工作所需的数据后,就将其保存起来以备进一步处理。过去人们把这些数据存放在文件柜里;现在,由于人们需要处理的数据越来越多,数据量急剧增加,因此必须借助计算机技术,特别是数据库技术来保存和管理大量而复杂的数据,以便有效地使用这些数据。

利用数据库方法组织数据较之于利用文件系统方法组织数据,具有更强的数据管理能力。利用数据库组织数据有以下一些明显的优势:

(1) 有利于数据的集中控制。在文件管理方法中,文件是分散的,每个用户或每种处理都有各自不同的文件,不同文件之间一般不具有联系,因此,很难按照统一的方法来控制、维护与管理。而采用数据库管理很好地解决了这一问题,它可以集中地控制、维护和管理相关数据。

(2) 数据具有独立性。数据库中的数据独立于应用,这种独立性包括数据的物理独立性和逻辑独立性。物理独立性是指数据库中数据不随物理结构(包括存储结构,存取方式等)的改变而改变。如存储设备的更换与存取方式改变等都不会影响数据库的逻辑结构,因而也不会导致应用程序的变化。逻辑独立性是指数据库中的数据不随总体逻辑结构的改变而改变。如修改数据模式、增加新的数据类型、改变数据间联系等,就不需要修改相应的应用程序。数据独立性的特征为数据库的使用、调整、优化和扩充提供了方便,提高了数据库应用系统的稳定性。

(3) 有利于数据共享。利用数据库方法组织数据实现了数据与特定应用的分离,数据集中存放,可供多个用户同时使用,每个用户可以仅与数据库中的一部分数据发生联系,用户可以同时存取数据而互不影响,大大提高了数据库的使用效率。

(4) 有利于减少数据的冗余。数据库中的数据不仅面向应用,而且面向系统。数据的统一定义,集中组织和存储,避免了不必要的数据冗余,也提高了数据的一致性。

(5) 有利于数据结构化。整个数据库按一定的结构形式组织,数据在记录内部和记录类型之间相互关联,用户可通过不同的路径存取数据。

(6) 有利于统一的数据保护功能。在多用户共享数据的情况下,数据库技术能对用户使用数据有严格的检查,能够对数据库访问提供密码保护与存取权限控制,拒绝非法用户访问数据库,以确保数据的安全性与一致性。

数据库是长期存储在计算机内,有组织的、可共享的数据集合。数据库中的数据按一定的数据模型组织、描述和存储,具有较小的冗余度,较高的数据独立性和易扩展性,并为不同的用户共享。数据库中的数据是通过数据库管理系统来管理的。

4. 数据库管理系统

数据库管理系统(Database Management System ,DBMS)是一个管理数据库的软件系统,它为用户提供访问数据库的接口,应用程序只有通过接口才能和数据库打交道。数据库管理系统建立在操作系统基础之上,是位于操作系统和用户之间的一个数据管理软件,任何数据操作都是在它的管理下进行的。

目前,计算机厂商已开发出很多种各具优势的数据库管理系统,比较著名的系统有用于管理小型数据库的 Visual Foxpro 与 Access,管理大中型数据库的 Sybase、MySQL、SQL Server 与 Oracle 等,且随着技术的发展,数据库管理系统的功能越来越强大,性能也越来越好。

5. 数据库系统

狭义地讲,数据库系统(DataBase System,DBS)是由数据库、数据库管理系统和用户组成的一个计算机系统;广义地讲,它是由计算机硬件、操作系统、数据库管理系统,以及在它支持下建立起来的数据库、应用程序、用户和数据库管理员组成的一个整体,数据库系统的核心是数据库。数据库系统可以用图1.1来描述。

数据库是为多用户共享的,因此需要有人进行规划、设计、协调、维护和管理,负责这些工作的人员称为数据库管理员(Database Administrator,DBA)。

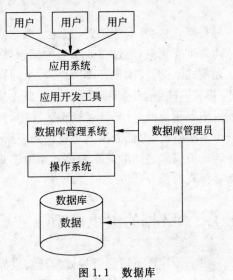

图 1.1　数据库

1.1.2　数据库系统的内部结构

为了有效地组织、管理数据,数据库系统采用三级模式结构:内模式、模式和外模式,即由物理级、概念级和用户级组成。数据库系统的内部结构如图1.2所示。

内模式(Internal Schema)也称物理模式,具体描述数据在外部存储器上如何组织存储。内模式反映了数据库的存储方式。

模式(Schema)又称逻辑模式或概念模式,是对数据库中数据的整体逻辑结构和特征的描述,是全体用户公共的数据视图。

外模式(External Schema)是用户的数据视图,用某一应用有关的数据的逻辑表示。外模式是模式的一个子集,因此,也被称为子模式,包含模式中允许特定用户使用的那部分数据。

为了让用户理解数据库的数据,在数据库系统内部必须实现各种模式之间的映射。

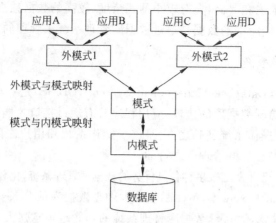

图 1.2　数据库系统的内部结构

一种是模式/内模式的映射,它完成概念模式到内模式之间的相互转换。当数据库的存储结构发生变化时,通过修改相应的概念模式/内模式的映射,使得数据库的逻辑模式不变,其内模式不变,应用程序不用修改,从而保证数据具有很高的物理独立性。另一种是外模式/模式的映射,它实现了外模式到概念模式之间的相互转换。当逻辑模式发生变化时,通过修改相应的外模式/逻辑模式映射,使得用户所使用的那部分外模式不变,从而应用程序不必修改,保证数据具有较高的逻辑独立性。

三级模式之间的关系为模式是内模式的逻辑表示,内模式是模式的物理实现,外模式则是模式的部分抽取。

1.1.3　数据的组织模型

由于计算机不可能直接处理现实世界中的具体事物,因此,人们必须先把具体事物的属性转换成计算机能够处理的数据。数据组织模型定义了数据的逻辑设计,它也描述了数据库中不同数据之间的关系。在数据库设计发展过程中,曾使用过层次模型、网状模型和关系模型三种基本数据模型。

1. 层次模型

在现实世界中,许多实体之间的联系就是一个自然的层次关系。例如,政府行政机构、家族关系等都是层次关系。图 1.3 是高校系部的层次图。从图中可以看出,一个学校有很多的系,这些系的数据都放在根结点上;一个系有多个教研室;一个系要开设很多门课程,因此,把教研室与课程作为系的根结点的子结点;一个教研室有很多教师,也主持了很多的研究项目,因此,在层次模型中,把教师与项目作为教研室的子结点。

层次模型使用类似于一棵倒置的树结构描述数据之间的关系,树的结点表示实体集(多条记录),结点之间的连线表示相连两实体集之间的关系,这种关系只能是"1：N(多)"。通常把表示 1 的实体集放在上方,称为父结点,表示 N 的实体集放在下方,称为子结点。层次模型的结构特点:

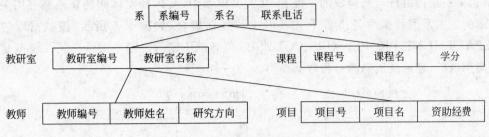

图 1.3 层次模型示例

(1) 有且仅有一个根结点。

(2) 根结点以外的其他结点有且仅有一个父结点。

由此可见,层次模型只能表示 $1:N$ 关系,而不能直接表示 $N:M$(多对多)关系。

在层次模型中,一个结点称为一个记录型,用来描述实体集。每个记录型可以有一个或多条记录,上层一个记录对应下层一条或多条记录,而下层每个记录只能对应上层一条记录。例如,系记录有计算机系、电子系、外语系等记录。而计算机系的下层记录有软件、网络、应用等教研室和数据结构、操作系统、数据库等课程,软件研究室下层又有员工和项目记录。

层次模型的优点是数据结构类似于树,不同层次之间的关联直接而且简单;缺点是由于数据纵向联系,横向关系难以建立,数据可能会重复出现,造成管理维护的不便。

2. 网状模型

网状模型是一种比层次模型更具普遍性的结构,虽然该模型也使用倒置树型结构,但该模型能克服层次模型的一些缺点。网状模型与层次模型不同的是:网状模型的结点间可以任意发生联系,能够表示各种复杂的联系。图 1.4 所示是一个商品管理的网状型数据库。网状模型的优点是可以更直接地描述现实世界,避免数据的重复性;缺点是关联性比较复杂,尤其是当数据库变得越来越大时,关联性维护的复杂度将更高。

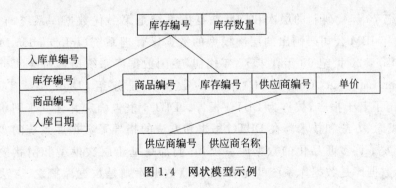

图 1.4 网状模型示例

3. 关系模型

用二维表结构描述实体以及实体间关联的数据模型称为关系数据模型(简称关系模

型)。关系是指由行与列构成的二维表,在关系模型中,实体和实体间的联系都是用关系表示的。关系型数据库是由若干关系组成的数据集合,如图 1.5 所示,该数据库包含 DEPARTMENT、PROFESSORS、COURSES 与 STUDENTS 四个关系。关系模型是目前应用最广、理论最成熟的一种数据模型。

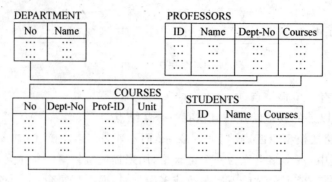

图 1.5 关系型数据库示例

1.1.4 数据库技术的发展

数据模型是数据库技术的核心和基础,因此,对数据库系统发展阶段的划分主要以数据模型的发展演变作为主要依据和标志。按照数据模型的发展演变过程,数据库技术从开始到现在的四十多年中,主要经历了三个发展阶段:第一代是网状和层次数据库系统;第二代是关系数据库系统;第三代是以面向对象数据模型为主要特征的数据库系统。目前,数据库技术与网络通信、人工智能、面向对象程序设计、并行计算等技术相互渗透及有机结合,成为当代数据库技术发展的重要特征。

1. 层次和网状数据库系统

20 世纪 70 年代研制的层次和网状数据库系统是第一代数据库系统,它的典型代表是 1969 年 IBM 公司研制出的层次模型的数据库管理系统(Information Management System,IMS)。20 世纪 60 年代末 70 年代初,美国数据库系统语言协会(Conference on Data System Language,CODASYL)下属的数据库任务组(Data Base Task Group,DBTG)提出了若干报告,被称为 DBTG 报告。DBTG 报告确定并建立了网状数据库系统的许多概念、方法和技术。在 DBTG 思想和方法的指导下数据库系统的实现技术不断成熟,开发了许多商品化的数据库系统,它们都是基于层次模型和网状模型的。可以说,层次数据库是数据库系统的先驱,而网状数据库则是数据库概念、方法与技术的奠基者。

2. 关系数据库系统

关系数据库系统是第二代数据库系统。1970 年 IBM 公司的 San Jose 研究试验室的

Access 数据库技术与应用

研究员 Edgar F. Codd 发表了题为《大型共享数据库数据的关系模型》的论文，提出了关系数据模型，开创了关系数据库方法和关系数据库理论，为关系数据库技术奠定了理论基础。Edgar F. Codd 于 1981 年被授予 ACM 图灵奖以表彰他在关系数据库研究方面的杰出贡献。

20 世纪 70 年代是关系数据库理论研究和原型开发的时代，其中以 IBM 公司的 San Jose 研究试验室开发的 System R 和 Berkeley 大学研制的 Ingres 为典型代表。大量理论成果和实践经验使关系数据库从实验室走向了社会，因此，人们把 20 世纪 70 年代称为数据库时代。20 世纪 80 年代，几乎所有新开发的数据库系统均是关系型的，其中涌现出了许多性能优良的商品化关系数据库管理系统，如 DB2、Ingres、Oracle、Informix、Sybase 等。这些商用数据库系统的应用使数据库技术被日益广泛地应用到企业管理、情报检索与辅助决策等方面，成为实现和优化信息系统的基本技术。

3. 面向对象数据库

从 20 世纪 80 年代以来，数据库技术在商业上的巨大成功刺激了其他领域对数据库技术需求的迅速增长。同时，由于面向对象程序设计思想与设计方法的推广与普及，数据库技术的研究和发展也进入了一个新时代，其中一个重要的特点就是将面向对象的思想、方法与技术引入到数据库中来，这样就出现了面向对象数据库。面向对象数据模型是第三代数据库系统的主要特征之一。

目前，在面向对象技术和数据库相结合的过程中，基本上是沿着两种途径发展，一种是建立纯粹的面向对象数据库管理系统（Object-Oriented DataBase Management System，OODBMS），这种途径以一种面向对象语言为基础，增加数据库的功能，主要是支持持久对象和实现数据共享。面向对象数据库系统产生于 20 世纪 80 年代后期，它利用类来描述复杂对象，利用类中封装的方法来模拟对象的复杂行为，利用继承性来实现对象的结构和方法的重用。面向对象数据库系统对一些特定应用领域（例如 CAD 等），能较好地满足其应用需求。但是，这种纯粹的面向对象数据库系统并不支持 SQL（Structured Query Language，结构化查询语言），在通用性方面失去了优势，因而其应用领域受到了很大的限制。

第二种实现途径是对传统的关系数据库进行扩展，增加面向对象的特性，把面向对象技术与关系数据库相结合，建立对象关系数据库管理系统（Object-Relational DataBase Management System，ORDBMS）。这种系统既支持已经被广泛使用的 SQL，具有良好的通用性，又具有面向对象的特性，支持复杂对象和复杂对象的复杂行为，是对象技术和传统关系数据库技术的有效融合。

从目前的发展来看，有以下几点理由使得面向对象的方法成为主流，一是面向对象的数据库与当前的关系数据库是兼容的，因此，用户可以把当前的关系数据库和应用移植到面向对象数据库，而不用重写；二是采用对象与关系表达的结合，比单独的关系或面向对象的表达更好，这使得数据库设计更紧凑。基于这些理由，人们将关系数据库逐步转到对象关系数据库，而不是完全摒弃关系数据库。

1.2　关系数据库的基础知识

关系数据库(Relational Database Management System,RDBMS)是采用关系模型作为数据组织方式的数据库。关系数据库的特点在于它将每个具有相同属性的数据独立地存储在一个表中。对任一表而言,用户可以新增、删除和修改表中的数据,而不会影响表中的其他数据。关系数据库产品一问世,就以其简单清晰的概念,易懂易学的数据库语言,深受广大用户喜爱。

1.2.1　关系的基本概念

1．关系

一个关系就是一个二维表。如表 1-1 所示的学生情况表就是一个关系,它由行与列构成。

表 1-1　学生情况表

St_ID	St_Name	St_Sex	Class_No
970001	John	男	9501
⋮	⋮	⋮	⋮

2．属性

二维表中的列称为属性(也称字段),属性在表中是列头。每一个属性表示了存储在它下面的数据含义。表中的每一列在关系范围内的名称必须唯一。在数据库管理系统中,每个字段须定义名称、数据类型与数据宽度等属性。表 1-1 的学生情况表有 4 个属性(字段),它们分别是 St_ID(学号)、St_Name(姓名)、St_Sex(性别)与Class_No(班级)。

3．记录

在一个二维表中,表中的行称为元组,元组也称为记录。在二维表中,记录必须有唯一性标识。如学生情况表中的 St_ID(学号)可用作记录的唯一性标识,因为表中不可能有 St_ID 相同的记录。

4．关系模式

关系模式是对关系结构的描述。一个关系模式对应一个关系的结构,关系模式简化表示的方法为:关系名(属性名1,属性名2,…,属性名 n)。表 1-1 的关系模式也可以简化描述成 Student(St_ID,St_Name, St_Sex,Class_No),其中 Student 是关系名称。

5. 域

在关系数据库中，域是指属性字段的取值范围。如表1-1中的St_Sex字段的取值是"男"或"女"，所以该字段的域由"男"和"女"两个值构成。又如某一个表中的字段存放学生的某门课程的成绩，按传统计分方式成绩是在[0,100]之间，那这成绩字段的域就为[0,100]。

6. 键（码）

键（码）由1个或几个属性构成，在实际使用中，有下列几种键：

- 超键（Super Key）：在关系中能唯一标识元组的属性集称为关系模式的超键。
- 候选键（Candidate Key）：不含有多余属性的超键称为候选键。也就是在候选键中，若要再删除属性，就不是键了。一般而言，如不加说明，则键是指候选键。
- 主键（Primary Key）：用户选作标识元组的一个候选键称为主键，也称为主关键字。如果关系中只有一个候选键，这个唯一的候选键就是主键。如图1.6所示，定义STUDENT表与COURSE表的主键分别是学号与课程号字段。

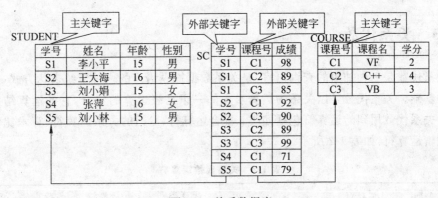

图1.6 关系数据库

7. 公共属性

在关系数据库中，关系之间的联系是通过相容或相同的属性或属性组来表示的。如果两个关系中具有相容或相同的属性或属性组，那么这个属性或属性组被称为这两个关系的公共属性。如图1.6所示，"学号"为STUDENT与SC表的公共属性，"课程号"为COURSE与SC表的公共属性。

8. 外关键字

如果公共属性在一个关系中是主关键字，那么这个公共属性被称为另一个关系的外关键字（Foreign Key），如图1.6所示，"学号"是STUDENT的主键，又是公共属性，所以是SC关系的外部关键字。由此可见，外关键字表示了两个关系之间的联系。外关键字又称做外键。

1.2.2 关系的基本性质

关系的基本性质实质上就是关系的基本特征。在设计关系时,必须满足一些基本特征。关系有如下基本特征:

(1) 数据类型的唯一性。每一列中的分量必须是同一类型的数据,也就是来自同一个域。

(2) 元组个数的有限性。任何一种关系数据库的二维表的元组的个数是有限的。

(3) 元组的唯一性。二维表中元组不能重复。

(4) 属性名的唯一性。二维表中属性名不能重复。

(5) 元组次序无关性。二维表中元组的次序可以任意交换。

(6) 属性次序无关性。二维表中属性可任意交换位置。

(7) 数据项不可分割性。关系中的每个属性必须是不可分割的数据单元。例如,"性别"可做数据项,因为该数据是不能再分割的,如"联系方式"不能做表的属性,因为人的联系方式有办公电话、移动电话、E-mail 等,因此它是可以再次分割的。

1.2.3 关系代数

关系代数是一种抽象的查询语言,是关系数据操纵语言的一种传统表达方式,是关系操作的基础。关系代数是以关系为运算对象的一组高级运算的集合,它的运算结果也是关系。关系代数用到的运算符包括四类:集合运算符、专门的关系运算符、算术比较运算符与逻辑运算符,如表 1-2 所示。

表 1-2 关系代数运算符

运算类别	运算符	含 义	运算类别	运算符	含 义
集合运算	∪	并	比较运算	>	大于
	−	差		≥	大于等于
	∩	交		<	小于
	×	广义笛卡儿积		≤	小于等于
关系运算	σ	选择		=	等于
	π	投影		≠	不等于
	⋈	连接	逻辑运算	¬	非
	÷	除		∧	与
				∨	或

关系代数的运算可以分为传统的集合运算与专门的关系运算两类。

1. 传统的集合运算

传统的集合运算包括并、差、交与广义笛卡儿积 4 种。其运算是从关系的"水平"方向即行的角度来进行。

（1）并（union）

设关系 R 和关系 S 具有相同的关系模式，R 和 S 的并是由属于 R 或属于 S 的元组构成的集合，记为 $R \cup S$。

形式定义为：

$$R \cup S = \{t \mid t \in R \vee t \in S\} \quad t \text{ 是元组变量}, R \text{ 和 } S \text{ 的元数相同}$$

例 1-1　设 R、S 为学生实体模式下的两个关系，求 $R \cup S$。

R

学号	姓名	性别	年龄
S0201	李兰	女	17
S0202	张娜	女	18
S0203	张伟	男	17

S

学号	姓名	性别	年龄
S0201	李兰	女	17
S0203	张伟	男	17
S0230	邵华	男	19

由关系并的定义可得 $R \cup S$ 为：

学号	姓名	性别	年龄
S0201	李兰	女	17
S0202	张娜	女	18
S0203	张伟	男	17
S0230	邵华	男	18

（2）差（difference）

设关系 R 和关系 S 具有相同的关系模式，R 和 S 的差是由属于 R 但不属于 S 的元组构成的集合，记为 $R-S$。

形式定义为：

$$R-S = \{t \mid t \in R \wedge t \notin S\} \quad t \text{ 是元组变量}, R \text{ 和 } S \text{ 的元数相同}$$

例 1-2　设 R、S 为上题中学生实体模式下的两个关系，求 $R-S$。

由关系差运算的定义可得 $R-S$ 为：

学号	姓名	性别	年龄
S0202	张娜	女	18

（3）交（intersection）

设关系 R 和关系 S 具有相同的关系模式，关系 R 和 S 的交是由属于 R 又属于 S 的元组构成的集合，记为 $R \cap S$。

形式定义为：

$$R \cap S = \{t \mid t \in R \land t \in S\} \quad t \text{是元组变量,} R \text{和} S \text{的元数相同}$$

注意：关系的交可以用差来表示，即 $R \cap S = R - (R-S)$。

例 1-3 设 R、S 为上题中学生实体模式下的两个关系，求 $R \cap S$。

由关系交运算的定义可得 $R \cap S$ 为：

学号	姓名	性别	年龄
S0201	李兰	女	17
S0203	张伟	男	17

(4) 广义笛卡儿积(Extended Cartesian Product)

设关系 R 和关系 S 分别为 m 目和 n 目属性数，R 和 S 的广义笛卡儿积是一个 $m+n$ 列的元组的集合。元组的前 m 列是关系 R 的一个元组，后 n 列是关系 S 的一个元组。记为 $R \times S$。

形式定义为：

$$R \times S = \{tr\ ts \mid tr \in R \land ts \in S\}$$

注意：笛卡儿积运算的结果，产生了很多没有实际意义的记录。在实际的表中，对重复列只保留一列。

例 1-4 设关系 R、S 分别为学生实体和学生与课程联系两个关系，求 $R \times S$。

R

学号	姓名	性别	年龄
S0201	李兰	女	17
S0203	张伟	男	17

S

姓名	课程名	成绩
李兰	软件基础	90
张娜	高等数学	87

由笛卡儿积的定义可得 $R \times S$ 为：

学号	姓名	性别	年龄	姓名	课程名	成绩
S0201	李兰	女	17	李兰	软件基础	90
S0201	李兰	女	17	张娜	高等数学	87
S0203	张伟	男	17	李兰	软件基础	90
S0203	张伟	男	17	张娜	高等数学	87

2. 专门的关系运算

专门的关系运算包括投影(对关系进行垂直分割)、选择(水平分割)与连接(关系的结合)等。

1) 选择(selection)

选择又称为限制(restriction)，它是在关系 R 中选取符合条件的元组。它从行的角度进行的运算。记为：

$$\sigma_F(R) = \{t | t \in R \wedge F(t) = \text{'True'}\}$$

其中 F 表示选择条件，它是一个逻辑表达式，取逻辑值 True 或 False。

逻辑表达式 F 由两种成分构成，一是运算对象，参与运算的对象有常量（用引号括起来）和元组分量（属性名或列的序号）；二是运算符，运算符包括比较运算符（也称为 θ 符）和逻辑运算符。

逻辑表达式 F 就是由逻辑运算符连接各算术表达式组成。而算术表达式的基本形式为 $X1\theta X2$，其中 θ 为算术比较运算符，X1、X2 为运算对象。

例如，$\sigma_{2>'3'}(R)$ 表示从 R 中挑选第 2 个分量值大于 3 的元组所构成的关系。书写时，常量用引号括起来，属性序号或属性名不要用引号括起来。

2）投影（projection）

投影是从 R 中选择出若干属性列组成新的关系。也就是对一个关系 R 进行垂直分割，消去某些列，也可以重新调整列的顺序。投影运算是从列的角度对关系进行的运算，记为：

$$\pi_A(R) = \{t[A] | t \in R\}$$

其中，A 是 R 中的属性列。投影后不仅取消了原关系中的某些列，而且还可能取消某些元组。因为取消了某些属性列后，就可能出现重复行，因此，根据关系的基本特征，对重复行仅保留一行。

下面给出具体示例对投影运算和选择运算进行说明。

例 1-5 设有一个学生-课程数据库，包括学生关系 Student、课程关系 Course 和选课关系 SC，如下所示。对这 3 个关系进行运算。

Student

学号	姓名	性别	年龄	所在系
95001	李勇	男	20	CS
95002	刘晨	女	19	IS
95003	王敏	女	18	MA
95004	张立	男	19	IS

Course

学号	课程号	成绩
95001	1	92
95001	2	85
95001	3	88
95002	2	90
95002	3	80

SC

学号	课程号	成绩
95001	1	92
95001	2	85
95001	3	88
95002	2	90
95002	3	80

① 在上述 3 个表中查询学生的姓名和所在系，即求 Student 关系在学生姓名和所在系两个属性上的投影。该运算可描述为 $\pi_{姓名,所在系}(\text{Student})$ 或 $\pi_{2,5}(\text{Student})$，运算结果为：

姓名	所在系
李勇	CS
刘晨	IS
王敏	MA
张立	IS

② 在上述 3 个表中查询学生关系 Student 中都有哪些系，即查询关系 Student 在所在系属性上的投影。该运算可描述为 $\pi_{所在系}$(Student)，运算结果为：

所在系
CS
IS
MA

3. 连接（join）

连接也称为 θ 连接。它是从两个关系的笛卡儿积中选取属性间满足给定条件的元组。连接分为等值连接与自然连接两种。

等值连接($R \bowtie S_{(A=B)}$)：从 R 和 S 的笛卡儿积中选择 A、B 属性值相等的元组。图 1.7 所示为两个表进行等值连接。

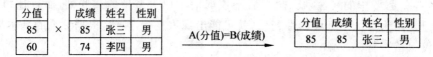

图 1.7　等值连接

自然连接（natural join）是一种特殊的等值连接。它要求两个关系中进行比较的分量必须是相同的属性组，并且在结果中把重复的属性列去掉。它从行和列的角度进行运算。

自然连接的具体计算过程如下：
① 计算 $R \times S$。
② 选取满足自然连接条件的元组。
③ 去掉重复的属性列。
图 1.8 所示为两个表进行自然连接。

图 1.8　自然连接

1.2.4　关系操作

在关系数据库中，定义了一些操作来通过已知的关系创建新的关系。这些操作很多，如插入、删除、更新与查询操作等。

1. 插入

插入操作是应用于一个关系的操作,该操作是向二维表中插入一条记录。图1.9给出了在 Course 表中插入一条记录的例子。

图1.9　记录的插入操作

2. 删除

删除操作也是应用于一个关系的操作。该操作是根据要求删去表中相应的记录。图1.10给出了在 Course 表中删除课程名为"数据结构"记录的例子。

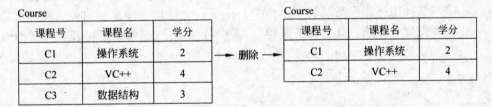

图1.10　记录的删除操作

3. 更新

更新也是一个应用于一个关系的操作,用于更新记录中部分属性的值。图1.11给出了在 Course 表中更新第三条记录学分字段的值。

Course

课程号	课程名	学分
C1	操作系统	2
C2	VC++	4
C3	数据结构	3

→ 更新 →

Course

课程号	课程名	学分
C1	操作系统	2
C2	VC++	4
C3	数据结构	4

图1.11　字段值的更新

4. 查询操作

对数据库的查询操作主要包括选择、投影与连接操作。

- 选择操作是应用于一个关系并产生另一个新关系的操作。新关系中的元组(记录)是原关系中元组(记录)的子集。选择操作根据要求从原关系中选择部分记录,属性(字段)的个数与原关系一致。
- 投影操作也是一种一元操作,它应用于一个关系并产生另外一个新关系,新关系中的属性(字段)是原关系中属性(字段)的子集。投影操作根据要求从原关系中选择部分字段,新关系中元组(记录)的个数与原关系一致。图 1.12 给出了利用 Course 表生成课程号与课程名的关系表 Course2 表。生成的表与原表记录数相同,只是字段数不同而已。

Course

课程号	课程名	学分
C1	操作系统	2
C2	VC++	4
C3	数据结构	3

投影 →

Course2

课程号	课程名
C1	操作系统
C2	VC++
C3	数据结构

图 1.12　投影操作

- 连接操作是一个二元操作,它基于两个关系的共有属性把两个关系组织起来。连接操作十分复杂,结果随连接操作的情况变化而变化。图 1.13 给出连接 Course 表与教师担任课程情况表 Taught-by,生成一个信息更加全面的关系课程综合情况表的例子。该表既包含了课程号、课程名与学分,也包含了担任该课程教学教师的信息的 Course-all 表。

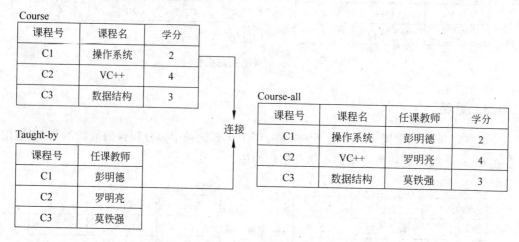

图 1.13　连接操作

1.2.5　表之间的关联及关系完整性

1. 表之间的关联

在关系数据库中,每一个表都是一个实体对象集,表本身具有完整的结构。但数据库中的表不是孤立的,数据库的表与表之间以关键字相互联系着,数据库依靠表之间的关联把数据以有意义的方式联系在一起。数据库中表之间的关联有 3 种类型:

(1) 一对一(One-to-one)

如果 A 表中的每一条记录,在 B 表中至多有一条记录(也可以没有)与之对应,反之亦然,那么称 A 表和 B 表具有一对一关系,记作 1:1。如图 1.14 中 Score 表与 Student 表是一对一的关系。

Student

学号	姓名	年龄	性别
S1	李小平	18	男
S2	王大海	19	男
S3	刘小娟	18	女
S4	张萍	20	女
S5	刘小林	21	男

Score

学号	姓名	数学	英语
S1	李小平	82	91
S2	王大海	92	78
S3	刘小娟	93	90
S4	张萍	56	81
S5	刘小林	78	77

图 1.14　Score 表与 Student 表之间的关系

(2) 一对多(One-to-many)

如果 A 表中的每一条记录,在 B 表中有 N($N=0$ 或者 $N=1$ 或者 $N>1$)条记录与之联系;反之,B 表中的每一条记录,在 A 表中至多有一条记录与之联系,则称 A 表与 B 表具有一对多关系,记作 $1:N$。如图 1.15 中 Student 表与 Course 表之间的关系是一对多的关系。

Student

学号	姓名	年龄	性别
S1	李小平	18	男
S2	王大海	19	男
S3	刘小娟	18	女
S4	张萍	20	女
S5	刘小林	21	男

Course

学号	课程号	成绩
S1	C1	98
S1	C2	85
S1	C3	80
S2	C1	56
S2	C3	78
S3	C2	89
S3	C3	99
S4	C1	71
S5	C1	79

图 1.15　Student 表与 Course 表之间的关系

(3) 多对多(Many-to-many)

如果 A 表中的每一条记录,在 B 表中有 N($N=0$ 或者 $N=1$ 或者 $N>1$)条记录与之联系,反之,B 表中的每一条记录,在 A 表中有 M($M=0$ 或者 $M=1$ 或者 $M>1$)条记录与之相联系,则称 A 表与 B 表具有多对多关系,记作 $N:M$。多对多的关系需要引入中间表,也叫做联系表,来实现中间表与 A 表、B 表的一对多的关系,因为关系型系统不能直接实现多对多的关系。如图 1.6 中的 SC 表就是一个联系表,实现 Student 表与 Course 表中实体之间的多对多的关系。

2. 关系完整性

关系完整性是为保证数据库中数据的正确性和相容性对关系模型提出的某种约束条件或规则。完整性通常包括实体完整性、参照完整性和用户定义完整性(又称域完整性),其中实体完整性和参照完整性,是关系模型必须满足的完整性约束条件。

(1) 实体完整性

实体完整性是指关系的主关键字不能取空值(Null),也就是说,若属性 A 是基本关系 R 的主键,则属性 A 不能取空值。现实世界中的实体是可以相互区分且能识别的,不同的实体应具有某种唯一性标识。在关系模式中,实体记录是以主关键字作为唯一性标识,而主关键字中的属性(称为主属性)不能取空值,否则,表明关系模式中存在着不可标识的实体(因空值是不确定的),这与现实世界的实际情况相矛盾,这样的实体就不是一个完整的实体。按实体完整性规则要求,主属性不得取空值,如主关键字是多个属性的组合,则所有主属性均不得取空值。在图 1.6 中,"学号"作为主关键字,那么,该列不得有空值,否则无法对应某个具体的学生,这样的表格不完整,对应关系不符合实体完整性规则的约束条件。

(2) 参照完整性

关系数据库中通常都包含多个存在相互联系的关系,关系与关系之间的联系是通过公共属性来实现的。如果参照关系 K 中外部关键字的取值,要么与被参照关系 R 中某元组主关键字的值相同,要么取空值,那么,在这两个关系间建立关联的主关键字和外部关键字引用,符合参照完整性规则要求。如果参照关系 K 的外部关键字也是其主关键字,根据实体完整性要求,主关键字不得取空值,因此,参照关系 K 外部关键字的取值实际上只能取相应被参照关系 R 中已经存在的主关键字值。

在图 1.6 中,如果将 Student(学生情况表)作为参照关系,Course(课程成绩表)作为被参照关系,以"学号"作为两个关系进行关联的属性,则学号是学生情况表的主关键字,是课程成绩表的外部关键字。课程成绩表关系通过外部关键字"学号"参照学生情况关系。参照完整性定义建立关系之间联系的主关键字与外部关键字引用的约束条件。

参照完整性(Referential Integrity)规定:若 F 是基本关系 R 的外关键字,它与基本关系 S 的主码 Ks 相对应(基本关系 R 和 S 不一定是不同的关系)则对于 R 中每个元组在 F 上的值必须为:

① 或取空值(F 的每个属性值均为空值),即外码可以为空。

② 或等于 S 中某个元组的主码值。

(3) 用户定义完整性

实体完整性和参照完整性适用于任何关系型数据库系统,它主要是针对关系的主关键字和外部关键字取值必须有效而做出的约束。用户定义完整性则是根据应用环境的要求和实际的需要,对某一具体应用所涉及的数据提出约束性条件。这一约束机制一般不应由应用程序提供,而应由关系模型提供定义并检验,用户定义完整性主要包括字段有效性约束和记录有效性。如,对表中的"性别"字段,用户可定义它的完整性为"男"or"女",对课程成绩定义为">=0 and <=100"或"Between 0 and 100",如果在输入这些字段的数据时,输入了不符合完整性的数据,则系统不会接受。

1.3　关系数据库的设计

数据库设计是指对于一个给定的应用,构造最优的数据库模式,建立数据库,使之能够有效地存储数据,满足用户的各种应用需求。数据库设计的目标是正确反映应用的实际情况。在数据库系统应用中,数据由 DBMS 进行独立地管理,大大减少了数据对程序的依赖性,因而数据库的设计也逐渐成为一项独立的开发活动。

1.3.1　数据库设计过程

一般来说,数据库的设计都要经历需求分析、概念设计、实现设计和物理设计 4 个阶段,图 1.16 显示了数据库的设计过程及每一过程产生的文档。

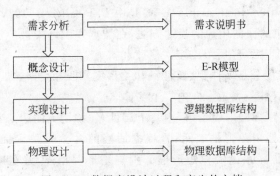

图 1.16　数据库设计过程和产生的文档

1. 需求分析

需求分析是整个设计过程的基础,是最困难、最耗时的一个阶段。需求分析的目的是分析系统的需求。该过程的主要任务是从数据库的所有用户中收集对数据的需求和对数据处理的要求,并把这些需求写成用户和设计人员都能接受的需求说明书。

例如,要为某高校开发一个教师信息管理系统,通过对高校教师信息管理的要求开展需求调查,调查显示该系统能够管理教师基本信息、授课信息、发表论文信息、课题立项信息、出版物信息与获奖信息,且要求系统能对相应信息实现登录、编辑、查询、浏览、统计与打印等工作。数据库工程师通过对高校教师信息管理的要求开展调查,且确定高校教师信息管理中的实体有教师、授课、论文、课题、出版物与荣誉等。通过系统需求分析确定在该系统中对这些实体要求的属性分别是：

（1）教师属性：编号、姓名、性别、出生日期、政治面貌、参加工作时间，学历、职称、系别、所学专业、专业方向与联系电话。

（2）课程属性：授课编号、教师编号、课程名称、授课班级、授课学年、学时、授课地点。

（3）论文属性：编号、教师编号、标题、发表时间、发表刊物、等级与获奖情况。

（4）课题属性：编号、教师编号、主要参与人、名称、来源、级别、起始时间、结束时间与是否结题。

（5）出版物属性：出版刊号、教师编号、参编人员、类别、书名、出版时间、出版社与获奖情况。

（6）荣誉属性：编号、称号、教师编号、级别、授予时间与授予单位。

这些数据是设计高校教师信息管理数据库的重要依据。

2. 概念设计

概念设计是整个数据库设计的关键。它的目的是将需求说明书中关于数据的需求，综合为一个统一的 DBMS 概念模型。首先根据单个应用的需求，画出能反映应用需求的局部 E-R 模型。然后将这些 E-R 模型图整合起来，消除冗余和可能存在的矛盾，得出系统总体的 E-R 模型。

实体-关系图（Entity-Relationship，E-R）是由 P. P. Chen 于 1976 年首次提出的，提供不受任何 DBMS 约束的面向用户的表达方法，在数据库设计中被广泛用作数据建模的工具。E-R 数据模型问世后，经历了许多次修改和扩充。

E-R 模型的构成成分是实体集、属性集和关系集，其表示方法如下：

（1）实体用矩形框表示，矩形框内写上实体名。

（2）实体的属性用椭圆形表示，框内写上属性名，并用无向边与其实体相连。

（3）实体间的联系用菱形框表示，且根据适当的含义为联系命名，名字写在菱形框中，用无向连线将参加联系的实体矩形框分别与菱形框相连，并在连线上标明联系的类型，即 $1:1$、$1:m$ 或 $n:m$。

在此，仍以前面介绍的高校教师信息管理系统数据库设计中的教师与授课为例建立 E-R 图。可用图 1.17 描述两个实体以及它们的属性。

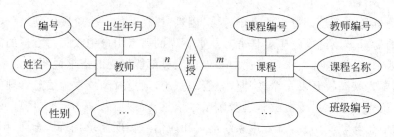

图 1.17　学生与课程实体以及它们的属性

教师与课程实体之间的联系命名为"讲授"，教师与课程之间的关系显而易见是多对多的关系,因为一个教师可讲授多门课程,一门课程被多个教师讲授。

依此类推,请画出教师信息管理系统的 E-R 图。

3. 实现设计

实现设计的目的是将 E-R 模型转换为某一特定的 DBMS 能够接受的逻辑模式,也就是说把 E-R 图中的实体与实体之间的联系用关系来描述。对关系数据库,主要是完成结构的设计与表的关联设计。

在此,仍以教师信息管理系统中教师与课程的 E-R 图讨论数据库的实现设计。实现设计实质上就是把实体及实体之间的联系转化为关系。由图 1.17 可知,每个实体对应的关系分别如下(其中带下划线的属性为主键)。

实体名:教师

对应的关系:教师(<u>编号</u>、姓名、性别、出生日期、政治面貌、参加工作时间,学历、职称、系别、所学专业、专业方向、联系电话)。

实体名:课程

对应的关系:课程(<u>授课编号</u>、教师编号、课程名称、授课班级、授课学年、学时、授课地点)。

用同样的方法可得到教师信息管理系统中论文、课题、出版物与荣誉实体对应的关系如下。

实体名:论文

对应的关系:论文(<u>编号</u>、教师编号、标题、发表时间、发表刊物、等级、获奖情况)。

实体名:课题

对应的关系:课题(<u>编号</u>、教师编号、主要参与人、名称、来源、级别、起始时间、结束时间、是否结题)。

实体名:出版物

对应的关系:出版物(<u>出版刊号</u>、教师编号、参编人员、类别、书名、出版时间、出版社、获奖情况)。

实体名:荣誉

对应的关系:荣誉(<u>编号</u>、称号、教师编号、级别、授予时间、授予单位)。

4. 物理设计

物理设计的目的在于确定数据库的存储结构。其主要任务包括:确定数据库文件和索引,文件的记录格式和物理结构,选择存取方法,决定访问路径和外存储器的分配策略等。不过这些工作大部分可由 DBMS 来完成,仅有一小部分工作由设计人员完成。例如,物理设计应确定列类型和数据库文件的长度。实际上,由于借助 DBMS,这部分工作难度比实现设计要容易得多。这些内容将在第 2 章中详细介绍。对于一个数据库设计者来说,需要了解最多的应该是逻辑设计阶段。因为数据库不管设计好坏,都可以存储数据,但在存储的效率上可能有很大的差别。可以说,逻辑设计阶段是决定关系数据库存取效率的重要阶段。

1.3.2 关系数据库规范化

在数据库的逻辑设计阶段,常常使用关系规范化理论来指导关系数据库设计。规范化基本思想为每个关系都应该满足一定的规范,从而使关系模式设计合理,达到减少冗余,提高查询效率的目的。

为了建立冗余较小、结构合理的数据库,将关系数据库中关系应满足的规范划分为若干等级,每一等级称为一个"范式"(Normal Forms,NF)。

范式的概念最早是由 E. F. Codd 提出的,他从 1971 年开始相继提出了三级规范化形式,即满足最低要求的第一范式(1NF),在 1NF 基础上又满足某些特性的第二范式(2NF),在 2NF 基础上再满足一些要求的第三范式(3NF)。1974 年,E. F. Codd 和 Boyce 共同提出了一个新的范式概念,即 Boyce-Codd 范式,简称 BC 范式。1976 年Fagin 提出了第四范式(4NF),后来又有人定义了第五范式(5NF)。至此,在关系数据库规范中建立了一个范式系列:1NF、2NF、3NF、BCNF、4NF 和5NF。这 6 种范式一级比一级要求更严格。它们之间的关系如图 1.18 所示。一般数据库的设计

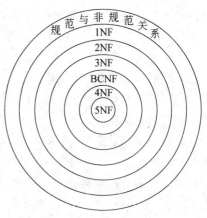

图 1.18 范式之间的关系

至少要符合第三范式。下面详细介绍在关系数据库中常用的第一范式、第二范式与第三范式。

1. 第一范式

在关系数据库范式设计中,第一范式是对关系模型的基本要求,不满足第一范式的数据库就不是关系数据库。

所谓第一范式是指数据库表的每一列都是不可再分割的基本数据项,同一列不能有多个值,即实体中的某个属性不能有多个值或者不能有重复的属性。如果出现重复的属性,就可能需要定义一个新的实体,新的实体由重复的属性构成,新实体与原实体之间为一对多关系。在第一范式中表的每一行只包含一个实例的信息。例如,表 1-3 是不符合第一范式要求的关系。

表 1-3 员工联系表

员工姓名	员工地址	员工联系电话	
		座 机	手 机
史真真	北京市西城区	010-8800880	13901022549
王颖	北京市朝阳区	010-8800220	13901022345
宋昆	北京市朝阳区	010-8678550	13701022446

员工姓名	员工地址	员工联系电话	
		座 机	手 机
李辰	北京市大兴区	010-6754320	13501034567
张莫	北京市丰台区	010-7766889	13367568386
王朋	北京市海淀区	010-5678900	13901033445
赵讯	北京市通州区	010-3344556	13701023456

为了让它符合第一范式要求,把员工联系电话列拆分,得到如表 1-4 所示的符合第一范式要求的关系。

表 1-4　员工联系表

员工姓名	员工地址	座 机	手 机
史真真	北京市西城区	010-8800880	13901022549
王颖	北京市朝阳区	010-8800220	13901022345
宋昆	北京市朝阳区	010-8678550	13701022446
李辰	北京市大兴区	010-6754320	13501034567
张莫	北京市丰台区	010-7766889	13367568386
王朋	北京市海淀区	010-5678900	13901033445
赵讯	北京市通州区	010-3344556	13701023456

又如,表 1-5 也不符合第一范式要求,因为客户信息数据项是可分割的。为了达到第一范式要求,可设计成两个关系,即销售员信息表与客户信息表,如表 1-6 与表 1-7 所示。

表 1-5　销售员信息表

员工号	姓名	客户信息	办公电话
…	…	…	…

表 1-6　销售员信息表

员工号	姓名	办公电话
…	…	…

表 1-7　客户信息表

客户号	客户名称	客户地址	员工号
…	…	…	…

2. 第二范式

第二范式是在第一范式的基础上建立起来的,即要满足第二范式必须先满足第一范式。第二范式要求数据库表中的每个实体或行必须可以被唯一地区分。为实现区分,通常需要为表加上一个列,以存储各个实例的唯一标识。如表 1-4 所示,该关系不满足第二范式,在表 1-4 中加上列"员工编号",因为每个员工编号是唯一的,因此,每个员工可以被唯一区分。表 1-8 符合第二范式要求,这个唯一属性列被称为主关键字或主键。

表 1-8　员工联系表

员工编号	员工姓名	员工地址	固定电话	移动电话机
A0001	史真真	北京市西城区	010-8800880	13901022549
A0002	王颖	北京市朝阳区	010-8800220	13901022345
A0003	宋昆	北京市朝阳区	010-8678550	13701022446
A0004	李辰	北京市大兴区	010-6754320	13501034567
A0005	张莫	北京市丰台区	010-7766889	13367568386
A0006	王朋	北京市海淀区	010-5678900	13901033445
A0007	赵讯	北京市通州区	010-3344556	13701023456

第二范式也要求实体的属性完全依赖于主关键字。所谓"完全依赖"是指不能存在仅依赖主关键字一部分的属性,如果存在,那么这个属性和主关键字的这一部分应该分离出来形成一个新的实体,新实体与原实体之间是一对多的关系。简而言之,第二范式就是非主属性非部分依赖于主关键字,如表 1-9 也不满足第二范式,为了让它满足第二范式,必须把不依赖于主键"学号"的"系编号"与"所在系"列从原表中抽取出来形成一个新的关系,如表 1-10 与表 1-11 所示。

表 1-9　学生信息表

学号	姓名	性别	系编号	所在系	学号	姓名	性别	系编号	所在系
2008001	刘林	女	07	外语系	2008035	彭珊	女	01	计算机系
2008005	王海波	男	07	外语系	2008126	易杨	女	03	机械系

表 1-10　学生信息表

学号	姓名	性别	系编号	学号	姓名	性别	系编号
2008001	刘林	女	07	2008035	彭珊	女	01
2008005	王海波	男	07	2008126	易杨	女	03

表 1-11　系编号表

系编号	系　名	系编号	系　名
01	计算机系	07	外语系
03	机械系		

3. 第三范式

满足第三范式必须先满足第二范式。也就是说,第三范式要求一个数据库表中不包含已在其他表中包含的非主关键字信息。例如,存在一个业务员信息表,有业务员编号、业务员姓名、家庭住址、电话等信息。那么另一表中的客户信息中列出业务员编号后就不能再将业务员姓名、家庭住址、电话等与业务员有关的信息加入客户信息中。如果不存在业务员信息,则根据第三范式也应该构建它,否则就会有大量的数据冗余。简而言之,第三范式就是属性不依赖于其他非主属性。

范式设计的目的是规范化,规范化的目的是为了保证数据结构更合理,能消除存储异常,使数据冗余尽量小,便于数据的插入、删除和更新。范式设计的原则是遵从概念单一化"一事一地"原则,即一个关系模式描述一个实体或实体间的一种联系,规范的实质就概念的单一化。范式设计方法是将关系模式投影分解成两个或两个以上的关系模式。分解要求分解后的关系模式集合应当与原关系模式"等价",即经过自然连接可以恢复原关系而不丢失信息,并保持属性间合理的联系。

总之,设计范式是符合某一种级别的关系模式的集合。数据库的设计范式是数据库设计所需要满足的规范,满足这些规范的数据库是简洁的、结构明晰的,同时,也能保证数据不会发生插入(insert)、删除(delete)和更新(update)操作异常。

1.4 Access 数据库的基础知识

Access 是微软公司推出的基于 Windows 的关系数据库管理系统,是 Office 系列应用软件的组件之一。Access 提供了表、查询、窗体、报表、页、宏与模块 7 种用来建立数据库的对象,也提供了多种向导、生成器、模板,把数据存储、数据查询、界面设计、报表生成等操作规范,为建立功能完善的数据库管理系统提供了方便,也使得普通用户不必编写代码,就可以完成大部分数据管理的任务。

1.4.1 Access 基本对象

Microsoft Access 数据库包括表、查询、窗体、报表、Web 页、宏与模块 7 大对象。

表是数据库的核心与基础,存放着数据库中的全部数据。表中的行被称为记录,列被称为字段。查询是数据设计目的的体现,用来检索符合指定条件的数据对象,在 Access 中提供了多种查询数据的方式。窗体是 Access 数据库对象中最灵活的一个对象,通过窗体可以浏览或更新表中的数据。报表是用来以特定的方式分析和打印数据的数据库对象。在报表中,可以创建计算字段,可以将记录进行分组、汇总。页是 Access 发布的 Web 页,它包含与数据库的连接。在数据访问页中,用户可远程查看、添加、编辑以及操作数据库中存储的数据。宏是一系列操作的集合,每个操作都能实现特定的功能。模块基本上是由声明、语句和过程组成的集合,它们作为一个已命名的单元存储在一起,对 Microsoft Visual Basic 代码进行组织。

1.4.2 Access 的常量、变量、函数与表达式

1. 常量

常量是一种恒定的或不可变的数值或数据项，它是不随时间变化的某些量和信息。在 Access 中，常量可分为文本型常量、数值型常量、日期时间型常量与逻辑型常量。

（1）文本型常量

文本型常量是由字母、数字、汉字组成的字符序列，又称文本串。表示方法是用定界符将字符串括起来，定界符为双引号（" "），且必须成对使用。

（2）数值型常量

在 Access 中，数值型常量由正负号、小数点以及数字 0～9 构成。例如：－3456（整数）、0.1415（小数）、3E－5（科学记数法）都是数值型常量。

（3）日期时间型常量

在 Access 中，日期时间型数据有很多格式，如常规日期（格式为"2010-06-09 下午05：23：20"）、长日期（格式为"2010 年 06 月 03 日 星期四"）、短日期（格式为"2010-06-03"）等等。在表示日期时间型常量时，需在日期时间型数据首尾加"♯"号，如"♯2010-06-03♯"就是一个日期时间型常量，"♯Mar 21,2010 13：25♯"也是一个日期时间型常量。

（4）逻辑型常量

逻辑型也称为"是/否"型。逻辑型常量有"真"与"假"两个。真用 True 表示，"假"用False 表示。

2. 变量

变量是指其值可以改变的量。变量有字段变量与内存变量之分，字段变量存放在数据库中，内存变量存放于计算机内存中。变量在使用前需先定义，字段变量的定义是在建立数据库中表对象时完成的，我们在引用字段变量时用"[字段变量名]"表示，如 max([年龄])，这个函数中的"[年龄]"就代表字段变量"年龄"。关于内存变量的定义将在后续章节中介绍。

3. 函数

Access 的函数从形式上来说是一些预定义的公式，它们使用一些称为参数的特定的数值按特定的顺序或结构进行数据处理获得结果。从实质上来讲，Access 函数是 VBA（Visual Basic Application）内置的具有某种功能的特殊程序。它就像黑匣子，接收外部输入的数据并向外部返回一个处理结果。

函数的使用格式为：函数名（参数 [,…]）

如：Right("abcdef",2)

该函数的功能是从第一个文本串参数值的右端截取 2 长度的文本串。

Access 2003 系统有 100 多个函数，利用函数来提高用户使用与处理数据的效率。

Access 的函数分为 5 大类,它们分别是文本函数、算术函数、日期时间函数、转换函数与选择函数。在此,介绍它们的一些常用的函数,其他函数的使用请查阅有关资料。

(1) 文本函数

① Left 函数

格式:Left(stringexpr, n)

作用:从 stringexpr 的值的左边取 n 个字符生成一个子串。

说明:stringexpr 是文本表达式,n 是正整数表示字符的个数。与此函数相类似有 Right 函数。

举例:Left("He is a student",5)的值为"He is"。

Left("计算机等级考试",3)的值为"计算机"。

② Len 函数

格式:len(stringexpr)

作用:返回 stringexpr 值的字符个数。

说明:stringexpr 是文本表达式。

举例:Len("He is a student")的值为 15。

Len("计算机等级考试")的值为 7。

③ LTrim 函数

格式:LTrim (stringexpr)

作用:把 stringexpr 的值的左边的空格删除。

说明:stringexpr 是文本表达式;与此函数相似的还有 RTrim 函数与 Trim 函数。

举例:LTrim ("   He is a student")的值为"He is a student"。

④ Mid 函数

格式:Mid (stringexpr, start, length)

作用:生成一个从 stringexpr 值的 start 位置开始,长度为 length 的文本串。

说明:stringexpr 是文本表达式。

举例:Mid ("He is a student",9,7)的值为"student"。

⑤ Space 函数

格式:Space(Number)

作用:生成长度为 Number 空格串。

举例:Space (8)的值为"   "。

⑥ StrReverse 函数

格式:StrReverse (stringexpr)

作用:返回一个与 stringexpr 文本串顺序相反的文本串。

举例:StrReverse ("abcd")的值为"dcba"。

(2) 算术函数

① Round 函数

格式:Round(nexpr1, nexpr2)

作用：返回按指定位数进行四舍五入的数值。

说明：对数值表达式 nexper1 按 nexper2 指定位数四舍五入。如果省略，则 Round 函数返回整数。

举例：Round(3.1415926,4)的值为 3.1416。

② Rnd 函数

格式：Rnd(number)

作用：Rnd 函数返回一个小于 1 但大于或等于零的单精度数值。

说明：number 小于零，每次都将 number 用作种子生成相同的数字；number 大于零生成最近生成的数字；number 等于零生成序列中的下一个随机数字。

举例：用 Int(Rnd * 100)＋1 可产生 1～100 的随机整数。

③ Int 函数

格式：Int(number)

作用：返回一个不大于 number 的最大整数。

举例：Int(9.59)＝9,Int(－9.59)＝－10

④ Fix 函数

格式：Fix(number)

作用：返回一个去掉小数后的整数。

举例：Fix(±9.59)＝±9。

（3）日期时间函数

① Date()：返回系统当前日期。

② Now()：返回系统当前的日期和时间。

注意：这些函数为无参函数，在使用时，括号不能省略。

③ Year(dexper)：返回日期中的年份。

④ Month(dexper)：返回日期中的月份。

⑤ Day(dexper)：返回日期中的日数。

⑥ Weekday(dexper)：返回日期中的星期几。

⑦ Hour(dexper)：返回时间中的小时数。

（4）DateAdd 函数

格式：DateAdd (interval, number, date)

作用：返回将指定的日期（data）加上时间间隔（interval）的数目（number）的日期数据。

说明：interval 表示是所要加上去的时间间隔；interval 为 year、yy、yyyy 时表示年，为 quarter、qq、q 时表示季，为 month、mm、m 表示月，为 day、dd、d 表示日等。

如 DateAdd(m,1,31-Jan-1995)函数的值是将 1995 年 1 月 31 日加上一个月后的日期。如 DateAdd(d,70,31-Jan-1995)函数的值是将 1995 年 1 月 31 日加上 70 天后的日期。

（5）转换函数

① CDate 函数

格式：CDate（stringexpr）

作用：将 stringexpr 表示的日期时间转换成日期时间数据。

说明：stringexpr 参数是任意有效的日期时间字符表达式。

举例：

```
MyDate="October 19,1962"          '定义日期
MyShortDate=CDate(MyDate)          '转换为日期数据类型
MyTime="4:35:47 PM"               '定义时间
MyShortTime=CDate(MyTime)          '转换为日期数据类型
```

② DateSerial 函数

格式：DateSerial（year，month，day）

作用：将对应的年、月、日的数字数据转换成日期时间数据。

（6）选择函数

① IIf 函数

格式：IIf(condition_expr, expr1, expr2)

作用：条件为真时，返回 expr1 的值；条件为假时，返回 expr2 的值。

举例：IIf(a>b,a,b)返回 a，b 中较大的值。

② Switch 函数

格式：switch(condition_expr1,expr1[condition_expr2,expr2…])

作用：条件式与表达式成对出现，如有条件式为真，则返回对应表达式的值。

举例：y=switch(x>0,1,x=0,0,x<0,1) 根据 x 的值来为 y 赋值。

4. 表达式

表达式是由常量、变量、函数、运算符和圆括号等构成。参与运算的数据被称作操作数，运算符和操作数构成表达式。VBA 提供了丰富的运算符，其中包括字符运算符、算术运算符、比较运算符、逻辑运算符等。

（1）字符串运算符（连接运算符）和字符串表达式

字符串运算符有两个："&"、"+"，其作用都是将两个字符串连接起来，合并成一个新的字符串。

注意："&"会自动将非字符串类型的数据转换成字符串后再进行连接，而"+"则不能自动转换。例如：

```
"Hello"&" World"          结果为" Hello World"
"Check"&123              结果为"Check123"
"Check"+123              错误
```

（2）算术运算符和算术表达式

算术运算是对数值型数据进行运算，运算以及算术运算符的优先级别如表 1-12

所示。

表 1-12 算术运算符与算术表达式

优先级	算术运算符	运 算	算术表达式例子	结 果
1	^	乘方	3^2	9
2	+	取正	4	+4
2	—	取负	4	—4
3	*	乘法	3 * 6	18
3	/	浮点除法	10/3	3.33333333333
4	\	整数除法	10\3	3
5	Mod	取模	10Mod3	1
6	+	加法	3+4	7
6	—	减法	3—4	—1

（3）关系运算符和关系表达式

关系运算符用于对两个表达式的值进行比较，比较的结果为逻辑型 True（真）或 False（假）。关系运算符与关系表达式如表 1-13 所示。

表 1-13 关系运算符

运算符	运算	关系表达式例子	结果	运算符	运算	关系表达式例子	结果
=	等于	2=3	False	<	小于	2<3	True
<>或><	不等于	2<>3	True	>	大于	2>3	False
>=	大于等于	2>=3	False	<=	小于等于	2<=3	True

（4）布尔运算符、逻辑运算符和布尔表达式

布尔运算符两边的表达式要求为布尔值。布尔表达式的结果值仍为布尔值。布尔运算符及优先级如表 1-14 所示。

表 1-14 布尔运算符及布尔运算

优先级	运算符	运算	说 明	例 子	结果
1	Not	非	当表达式为假时，结果为真	Not(3>8)	True
2	And	与	当两个表达式均为真时，结果才为真，否则为假	(3>8)And(5<6)	False
3	Or	或	当两个表达式均为假时，结果才为假，否则为真	(3>8)Or(5<6)	True

（5）日期型表达式

日期型表达式由算术运算符"＋"、"—"、算术表达式、日期型常量、内存变量和函数组成。日期型数据是一种特殊的数值型数据，它们之间只能进行"＋"、"—"运算。有下面三种情况：

两个日期时间型数据相减，结果是一个数值型数据两个日期相差的天数。

例如：＃12/19/1999＃-＃11/16/1999＃   结果为数值型数据：33

一个表示天数的数值型数据可加到日期型数据中或从日期型数据中减掉，其结果仍

然为日期型数据。

（6）运算符的优先级

在一个表达式中，可能既有字符运算，也有数值运算、关系运算与布尔运算，这种复杂表达式是如何运算的呢？在 Access 中，不同类别运算符的优先顺序是：数值运算符和字符串运算符→关系运算符→布尔运算符，同类运算符的优先原则与前面的介绍一致。例如：设 a＝3，b＝5，c＝−1，d＝7，则以下表达式按标注①～⑩的顺序进行运算。

a＋b ＞ c＋d And a＞＝5 Or Not c＞0 Or d＜0
①8　　②6　　　④False　⑤True　　⑥False
　　③True　⑦False
　　　　　　　　⑧True
　　　　　　　　　　⑨True

结果为 True。

在 Access 中，函数与表达式是有值的，那么在 Access 中如何看一个函数与表达式的值呢？

方法是启动 Access，新建模块对象，在如图 1.19 所示的"立即窗口"中，输入函数或表达式即可，如图 1.19 所示。

图 1.19　在立即窗口中计算
函数与表达式值

小　　结

- 信息是人脑对客观事物属性的反映，数据是对信息的符号描述。
- 计算机数据处理就是利用计算机对各种类型的数据进行收集、存储、分类、计算、加工、检索以及传输的过程。
- 数据库是有组织的与可共享的数据集合。数据库中的数据具有较小的冗余，较高的数据独立性和易扩展性，并可为不同的用户共享。
- 数据库管理系统是用户与数据库的接口。
- 数据库数据的组织模型有层次模型、网状模型与关系模型三种。
- 关系数据模型是用二维表格结构来表示实体以及实体间联系的数据模型，它是目前应用最广、理论最成熟的一种数据模型。
- 一个关系就是一个二维表。二维表中的列称为属性，表中的行称为元组，元组也称为记录。
- 关系代数是以关系为运算对象的一组高级运算的集合。关系运算包括集合运算符、专门的关系运算符、算术比较运算符与逻辑运算符 4 类，它是关系操作的基础。
- 关系完整性是为保证数据库中数据的正确性和相容性而对关系模型提出的某种约束条件或规则。完整性通常包括实体完整性、参照完整性和用户定义完整性，其中实体完整性和参照完整性是关系模型必须满足的完整性约束条件。

- 一般来说,数据库的设计都要经历需求分析、概念设计、实现设计和物理设计 4 个阶段。
- 概念设计是整个数据库设计的关键。它的目的是将需求说明书中关于数据的需求,综合为一个统一的 DBMS 概念模型。
- 实现设计的目的是将 E-R 模型转换为某一特定的 DBMS 能够接受的逻辑模式,也就是说,把 E-R 图中的实体与实体之间的联系用关系来描述。对关系数据库,主要是完成表的关联和结构的设计。
- 在逻辑设计阶段,常常使用关系规范化理论来指导关系数据库设计。范式设计一级比一级有更严格的要求。一般数据库的设计至少要符合第三范式。
- Access 提供了表、查询、窗体、报表、页、宏与模块 7 种用来建立数据库系统的对象。

习　题　1

1. 简答题

(1) Data、DB、DBMS 与 DBS 之间有何区别与联系?

(2) 在数据库技术发展过程中,数据的组织模型有哪些,每种模型有何特点?

(3) 关系的基本特点有哪些? 关系有哪些基本操作?

(4) 关系的完整性有何具体要求?

(5) Access 数据库有哪些对象? 有何作用?

2. 单选题

(1) 数据(Data)、数据库(DB)、数据库管理系统(DBMS)与数据库系统(DBS)之间是一种包含关系,下面_____能正确描述这种包含关系。

    A. DBMS\DBS\DB\Data　　　　　　　B. DBS\DBMS \DB\Data

    C. Data\DBMS\DBS\DB　　　　　　　D. DBMS\Data\DB\ DBS

(2) 下列第_____项,对数据库特征的描述是错误的。

    A. 数据具有独立性　　　　　　　　　B. 可共享

    C. 消除了冗余　　　　　　　　　　　D. 数据集中控制

(3) 由于数据库是为多用户共享,因此,需要特殊的用户对数据库进行规划、设计、协调、维护和管理。这个特殊用户被称为_____。

    A. 用户　　　　B. 程序员　　　　C. 工程师　　　　D. 数据库管理员

(4) 二维表的一行对应_____。

    A. 字段　　　　B. 记录　　　　C. 关系　　　　D. 主键

(5) 关系数据模型_____。

    A. 只能表示实体间 1:1 联系　　　　B. 只能表示实体间 $n:m$ 联系

C. 只能表示实体间 1：n 联系   D. A，C

(6) 对于二维表的关键字来讲，不一定存在的是_____。

    A. 主关键字   B. 外部关键字   C. 超关键字   D. 候选关键字

(7) 在数据库中，数据模型是_____的集合。

    A. 文件   B. 记录   C. 数据   D. 记录及其联系

(8) 关系数据库管理系统所管理的关系是_____。

    A. 一个二维表   B. 若干个二维表

    C. 一个数据库   D. 若干个 DBC 文件

(9) 对表进行垂直方向的分割用的运算是_____。

    A. 连接   B. 选择   C. 交   D. 投影

(10) 数据库系统的核心是_____。

    A. 数据模型   B. 数据库管理系统   C. 软件工具   D. 数据库

(11) 下列叙述中正确的是_____。

    A. 数据库是一个独立的系统，不需要操作系统的支持

    B. 数据库设计是指设计数据库管理系统

    C. 数据库技术的根本目标是要解决数据共享的问题

    D. 在数据库系统中，数据的物理结构必须与逻辑结构一致

(12) 数据库系统由数据库集合、计算机硬件系统、数据库管理员和用户与_____构成。

    A. 操作系统   B. 文件系统

    C. 数据集合   D. 数据库管理系统及相关软件

(13) 数据处理的最小单位是_____。

    A. 数据   B. 数据元素   C. 数据项   D. 数据结构

(14) 用树形结构来表示实体之间联系的模型称为_____。

    A. 关系模型   B. 层次模型   C. 网状模型   D. 数据模型

(15) 按条件 f 对关系 R 进行选择，其关系代数表达式为_____。

    A. $R \bowtie R$ B. $R \underset{f}{\bowtie} R$ C. $\sigma_f(R)$ D. $\pi_f(R)$

(16) 下述关于数据库系统的叙述正确的是_____。

    A. 数据库系统减少了数据冗余

    B. 数据库系统避免了一切冗余

    C. 数据库系统中数据的一致性是指数据类型的一致

    D. 数据库系统比文件系统能管理更多的数据

(17) 下列表达式错误的是_____。

    A. 3＋7   B. date()＋#2010-01-01#

    C. #2010-09-01#-#2010-01-01   D. 3＞5 and "a"＞"b"

(18) 函数 DateSerial((year(date()),1,1)值的数据类型是_____。

    A. 数值型   B. 文本型   C. 日期时间型   D. 无法确定

（19）在数据库的表中，主键的值不能重复是_____完整性的要求。

    A. 实体   B. 参照   C. 用户定义   D. Access

（20）下面_____项不是一个常量。

    A. Null   B. True   C. ""   D. Is Null

（21）如果表 A 中的一条记录与表 B 中的多条记录相匹配，且表 B 中的一条记录与表 A 中的多条记录相匹配，则表 A 与表 B 存在的关系是_____。

    A. 一对一   B. 一对多   C. 多对一   D. 多对多

（22）将两个关系拼接成一个新的关系，生成的新关系中包含满足条件的元组，这种操作称为_____。

    A. 选择   B. 投影   C. 联接   D. 并

（23）数据表中的"行"称为_____。

    A. 字段   B. 数据   C. 记录   D. 数据视图

（24）假设数据库中表 A 与表 B 建立了"一对多"关系，表 B 为"多"的一方，则下述说法中正确的是_____。

    A. 表 A 中的一条记录能与表 B 中的多条记录匹配

    B. 表 B 中的一条记录能与表 A 中的多条记录匹配

    C. 表 A 中的一个字段能与表 B 中的多个字段匹配

    D. 表 B 中的一个字段能与表 A 中的多个字段匹配

（25）二维表由行和列组成，每一列表示关系的一个_____。

    A. 属性   B. 字段   C. 集合   D. 记录

（26）数据库是_____。

    A. 以一定的组织结构保存在计算机存储设备中的数据的集合

    B. 一些数据的集合

    C. 辅助存储器上的一个文件

    D. 磁盘上的一个数据文件

（27）关系数据库的查询操作都是由 3 种基本运算组合而成的，这 3 种基本运算不包括_____。

    A. 联接   B. 关系   C. 选择   D. 投影

（28）在数据库中能够唯一地标识一个元组的属性或属性的组合称为_____。

    A. 记录   B. 字段   C. 域   D. 主关键字

（29）关系型数据库管理系统中所谓的关系是指_____。

    A. 各条记录中的数据彼此有一定的关系

    B. 一个数据库文件与另一个数据库文件之间有一定的关系

    C. 是符合一定条件的二维表格

    D. 数据库中各个字段之间彼此有一定的关系

（30）在下述关于数据库系统的叙述中，正确的是_____。

    A. 数据库中只存在数据项之间的联系

    B. 数据库中的数据项之间和记录之间都存在联系

C. 数据库的数据项之间无联系,记录之间存在联系

D. 数据库的数据项之间和记录之间都不存在联系

(31) 数据模型反映的是_____。

A. 事物本身的数据和相关事物之间的联系

B. 事物本身所包含的数据

C. 记录中所包含的全部数据

D. 记录本身的数据和相关关系

(32) 在现实世界中,每个人都有自己的出生地,实体"人"与实体"出生地"之间的联系是_____。

A. 一对一联系　　B. 一对多联系　　　C. 多对多联系　　　D. 无联系

(33) 如果主表中没有相关记录时就不能将记录添加到相关联的子表中,则应该在关系中设置_____。

A. 参照完整性　　　　　　　　　B. 有效性规则

C. 输入掩码　　　　　　　　　　D. 级联更新相关字段

(34) 在关系运算中,选择运算的含义是_____。

A. 在基本表中,选择满足条件的元组组成一个新的关系

B. 在基本表中,选择需要的属性组成一个新的关系

C. 在基本表中,选择满足条件的元组和属性组成一个新的关系

(35) 在关系数据库中,能够唯一地标识一个记录的属性或属性的组合,称为_____。

A. 关键字　　　　B. 属性　　　　　C. 关系　　　　　D. 域

3. 求下列函数与表达式的值

(1) len("My God!")

(2) DateSerial (year♯2010-0909♯)-2,4,5)

(3) "今天的日期是:"&date()

(4) LTrim (" He is a student ")

(5) Mid("国家精品课程",3,4)

实 验 1

实验目的:构造高校教师信息管理系统数据库,了解高校数据库管理系统的使用过程。

实验要求:通过对高校教师信息管理系统的需求调查,生成高校教师信息数据库中的各个表的结构。通过运行高校教师信息管理系统,了解系统的功能。

实验学时:2课时

实验内容与提示：

（1）需求分析。

数据库需求分析是整个数据库应用系统设计的基础。在需求分析阶段，设计者要同用户密切合作，共同收集数据，分析数据管理的内容以及用户对数据处理的要求。针对高校教师信息管理系统，我们分别对高校人事、教学和科研以及院办等部门进行了详细的调研与分析，得出该系统的业务信息流程如图 1.20 所示。

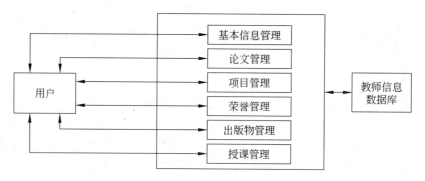

图 1.20　系统业务信息流程图

在本实例中，我们主要是通过各种表格、立项申请书、出版物登记表与教师工作量登记表，荣誉证登记表进行教师信息管理和开展业务交流。通过调查与需求分析，可得到教师基本信息关系中包括编号、姓名、性别、出生日期、政治面貌、参加工作时间，学历、职称、系别、所学专业、专业方向与联系电话等属性，如图 1.21 所示。

图 1.21　教师基本信息关系

对每一位教师都有唯一与之对应的编号，因此，在教师基本信息关系中编号是主关键字，其他的非主属性都完全依赖于它。

同样，可得到：

教师授课信息关系中包括授课编号、教师编号、课程名称、授课班级、授课学年、学时、授课地点。

论文信息关系包括编号、教师编号、标题、发表时间、发表刊物、等级与获奖情况。

课题情况关系包括编号、教师编号、主要参与人、名称、来源、级别、起始时间、结束时间与是否结题。

出版物情况关系包括书号、教师编号、参编人员、类别、书名、出版时间、出版社与获奖情况。

荣誉情况关系包括编号、称号、教师编号、级别、授予时间与授予单位。

根据上述设计得到教师信息管理系统中关系结构数据模型如图 1.22 所示。

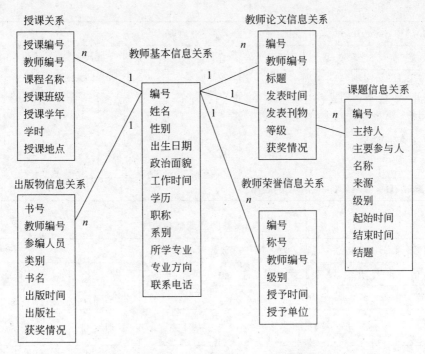

图 1.22　教师信息管理系统的关系结构数据模型

说明：为了降低系统的开发难度，让初学者更好地理解系统开发过程，本系统定义教师与授课、出版物、论文、项目与荣誉信息之间的关系为一对多关系。

（2）逻辑设计。

数据库逻辑设计的任务是将上述教师基本信息关系、授课关系、教师论文信息关系、出版物信息关系、教师课题关系与教师荣誉信息关系模型转换为数据库管理系统能够处理的具体形式。根据实际的情况分别确定以上各关系中的各个属性的名称、数据类型、值域范围等，并对各表进行数据结构设计、关键字设计与约束设计等。

通过上述分析后，得出该数据库需要 TIMS_TeacherInfo 表、TIMS_LectureInfo 表、TIMS_PublicationInfo 表、TIMS_PaperInfo 表、TIMS_HonourInfo 表与 TIMS_ProjectInfo 表，这些表的结构分别如表 1-15～表 1-20 所示。

表 1-15　教师基本信息表

表名：TIMS_TeacherInfo		说明：此表用于存放教师基本信息				
字 段 名	字段类型	字段大小	允许空值	索引	说　明	备注
Teach_ID	文本	4	必填	主键	编号	
Name	文本	12	必填		姓名	
Sex	文本	1			性别	
Birth_Day	日期/时间	短日期			出生日期	
Political	文本	10			政治面貌	
Work_Time	日期/时间	短日期			参加工作时间	

表名：TIMS_TeacherInfo		说明：此表用于存放教师基本信息				
字 段 名	字段类型	字段大小	允许空值	索引	说 明	备注
Education_BG	文本	4			学历	
Title_Technical	查阅向导	5			职称	
Department	文本	10			系别	
Specialty	文本	10			所学专业	
Major_Field	文本	20			专业方向	
Telephone	文本	11			联系电话	

编码：Teach_ID 为"XXXX"4 位字长的顺序编号

表 1-16　教师授课信息表

表名：TIMS _LectureInfo		说明：此表用于存放教师授课信息				
字 段 名	字段类型	字段大小	允许空值	索 引	说 明	备 注
Lecture_ID	文本	4	必填	主键	授课编号	
Teach_ID	查阅向导	4	必填	外部关键字	教师编号	来自于教师信息表 Teach_ID
Course_Name	文本	20	必填		课程名称	
Class_NO	文本	20			授课班级	
Acad_Year	文本	9			授课学年	
Weekly_Hours	整型	短整型			周学时	
Lecture_ADD	文本	4			授课地点	

编码：Lecture_ID 为"XXXX"4 位字长的顺序编号

表 1-17　教师出版物信息表

表名：TIMS _PublicationInfo		说明：此表用于存放教师出版物信息				
字 段 名	字段类型	字段大小	允许空值	索 引	说 明	备 注
Publish_SN	文本	13	必填	主键	书号	
Teach_ID	查阅向导	4	必填	外部关键字	教师编号	来自于教师信息表 Teach_ID
Members	文本	30			参编人员	
Category	查阅向导	10			类别	
Book_Name	文本	20	必填		书名	
Publication_Time	日期/时间	短日期			出版时间	
Press	文本	10			出版社	
Awards	文本	20			获奖情况	

编码：Publication_ID 为"XXXX"4 位字长的顺序编号

表 1-18　教师发表论文信息表

表名：TIMS _PaperInfo		说明：此表用于存放教师发表的论文信息					
字 段 名	字段类型	字段大小	允许空值	索 引	说 明	备 注	
Paper_ID	文本	4	必填	主键	编号		
Teach_ID	查询向导	4	必填	外部关键字	教师编号	来自于教师信息表 Teach_ID	
Topic	文本	30			标题		
Publish_Time	日期/时间	短日期			发表时间		
Journal_Name	文本	20	必填		发表刊物		
rank	查阅向导	10			等级		
Awards	文本	20			获奖情况		

编码：Paper_ID 为"XXXX"4 位字长的顺序编号

表 1-19　教师所获荣誉信息表

表名：TIMS _HonourInfo		说明：此表用于存放教师所获的荣誉信息					
字 段 名	字段类型	字段大小	允许空值	索 引	说 明	备 注	
Honour_ID	文本	4	必填	主键	编号		
Honour_Name	文本	10	必填		称号		
Teach_ID	查询向导	4	必填	外部关键字	教师编号	来自于教师信息表 Teach_ID	
Rank	查阅向导	10			级别		
Grant_Time	日期/时间	短日期			授予时间		
Grantor	文本	20			授予单位		

编码：Honour_ID 为"XXXX"4 位字长的顺序编号

表 1-20　教师主持项目信息表

表名：TIMS _ProjectInfo		说明：此表用于存放教师主持的项目信息					
字 段 名	字段类型	字段大小	允许空值	索 引	说 明	备 注	
Project_ID	文本	4	必填	主键	编号		
Teacher_ID	查询向导	4	必填	外部关键字	教师编号	来自于教师信息表 Teach_ID	
Project_participants	文本	20			主要参与人		
Project_Name	文本	20	必填		名称		
Project_Frome	文本	20			来源		
Rank	查阅向导	10			级别		

表名：TIMS _ProjectInfo		说明：此表用于存放教师主持的项目信息					
字 段 名	字段类型	字段大小	允许空值	索 引	说 明	备注	
Start_Time	日期/时间	短日期			起始时间		
End_time	日期/时间	短日期			结束时间		
Finished	是/否				结题		
编码：Project_ID 为"XXXX"4 位字长的顺序编号							

（3）运行系统。

在 Access 中打开数据库 TeacherInfo,通过运行了解高校教师信息管理系统的功能与组成。

第 2 章 数据库、表的建立与维护

在 Access 中，数据库实际上是一个容器，在该容器中可以存放多个数据对象，如表、查询、窗体、报表、数据访问页与模块等，其中非常重要的对象就是表，表是数据库的基础，它记录着数据库中全部的数据内容。而其他对象只是 Access 提供的对数据库进行维护的工具而已。正因为如此，设计一个数据库的关键，就集中在建立数据库中的基本表上。本章将介绍数据库和表的建立与维护。

主要学习内容

- 数据库操作；
- 表操作；
- 建立表之间的关系。

2.1 数据库操作

在 Access 中，数据库以文件的形式保存，Access 2003 的数据库文件的扩展名为 mdb。数据库的操作主要包括创建、打开与关闭等。

2.1.1 Access 的启动与退出

只要你使用的计算机安装了 Access，就可以运行它。启动的步骤如下：

(1) 单击任务栏的"开始"按钮。

(2) 选择"程序"中的 Access 命令，启动 Access 应用程序。

当然，也可以在"资源管理器"的 Office 的安装目录下运行 Msaccess. exe 或建立 Msaccess 的快捷方式(Access 2003)，然后双击启动 Access 应用程序，就会出现如图 2.1 所示的 Access 的操作环境。

当要退出 Access 时，可以采用以下 4 种方法之一来实现：

- 单击 Access 窗口右上角的"关闭"按钮。
- 单击 Access 窗口左上角的图标，弹出控制菜单，选择其中的"关闭"命令。
- 选择 Access"文件"→"退出"命令。
- 直接使用 Alt＋F4 键。

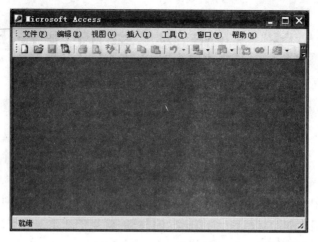

图 2.1　Access 操作环境

2.1.2　创建数据库操作

　　Access 的数据都存储在表中。当一个数据库应用系统需要多个表时,不是每次创建新表时都要创建一个数据库,而是把一个应用程序中的所有表都放在一个数据库中。所以,在着手设计数据库应用系统的时候,要先创建一个数据库,然后再根据实际情况在数据库中创建表。

　　创建数据库的方法有两种,一种是先建立空数据库,然后向其中添加表、查询、窗体等数据库对象。另一种是使用"数据库向导",利用系统提供的模版来建立数据库,同时创建所需的表、查询、窗体等。我们一般使用建立空数据库的方法。创建空数据库的方法是:

　　选择"文件"→"新建"命令,在窗口右侧出现如图 2.2 所示的任务窗格,选择右侧"新

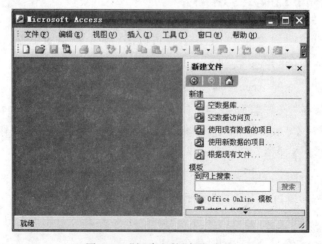

图 2.2　"新建文件"任务窗格

　　　　　　　　Access 数据库技术与应用

建"栏下面的"空数据库"后,即出现如图2.3所示的文件新建数据库对话框。该对话框用于指定数据库保存的位置与数据库的文件名称,当确定了存放位置且为数据库取名后,单击"创建"按钮,系统弹出了如图2.4所示的Access对象管理器窗口。该管理器管理的对象为表、查询、窗体、报表、页、宏与模块7类。

图2.3 "文件新建数据库"对话框

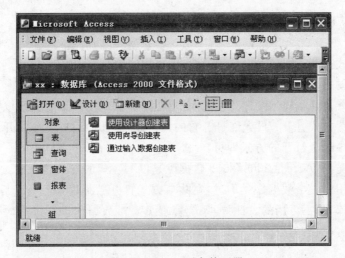

图2.4 Access对象管理器

注意:此时建立的数据库是一个空的数据库,数据库文件的扩展名为mdb。

2.1.3 数据库打开操作

打开已有的数据库的方法是,选择Access中的"文件"→"打开"命令,或在工具栏中单击"打开"按钮,此时会弹出图2.5所示的"打开"对话框,在对话框中选择要打开的数据库即可。

图 2.5 打开已有的数据库

说明：打开数据库的实质是把数据库从外存调入内存的过程。

数据库的打开方式有"打开"、"以只读方式打开"、"以独占方式打开"与"以独占只读方式打开"4种。用户选择打开方式的方法是单击图2.5所示对话框中"打开"按钮旁的

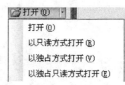
图 2.6 打开方式菜单

，弹出打开方式的选择菜单，如图2.6所示。该菜单中各项的含义如下。

打开：默认以共享方式打开选定的数据库，并可进行数据读写。

以只读方式打开：所有用户都只能读，即可以查看但不能编辑任何数据库对象。

以独占方式打开：只允许打开它的用户读写，而其他用户不能打开该数据库。

以独占只读方式打开：只允许打开它的用户读，而其他用户不能打开该数据库。

在此菜单中选择打开的方式即可。

在默认情况下，Access 2000/2003数据库是以"共享"的方式打开的，这样可以保证多人能够同时使用同一个数据库。不过，在共享方式打开数据库的情况下，有些功能（如压缩和修复数据库）是不可用的。此外，系统管理员要对数据库进行维护时，不希望他人打开数据库，一般以独占的方式打开数据库。

2.2 表 的 操 作

表是整个数据库工作的基础，也是所有查询、窗体与报表的数据来源。表设计得好坏，直接关系到数据库的整体性能，在很大程度上影响着实现数据库功能的各对象的复杂程度。本节将详细介绍表的建立，包括Access数据类型，建立表结构，向表中输入数据，字段属性设置以及建立表与表之间的关系等内容。首先介绍表的命名方法。

2.2.1　表的命名

为表命名时,要遵循软件工程的方法,表的前缀应该用系统或模块的英文名的缩写(全部大写或首字母大写)。如果系统功能较简单,没有划分为模块,则可以用系统英文名称的缩写作为前缀,否则以各模块的英文名称缩写作为前缀。例如,有一个模块叫做BBS,则数据库中所有对象的名称都要加上前缀BBS,即命名为BBS＋数据库对象名称,如BBS_CustomerInfo表示论坛模块中的客户信息表。

表的名称必须易于理解,一般用表示表的功能的英文单词或缩写英文单词命名。无论是完整英文单词还是缩写英文单词,单词首字母必须大写。如果表可用一个英文单词来表示,应用完整的英文单词来表示。例如,系统资料中的客户表的表名可命名为SYS_Customer。如果当前表需用两个或两个以上的单词来命名时,尽量以完整形式书写,如太长可采用两个英文单词的缩写形式。例如,系统资料中的客户明细表可命名为SYS_CustItem。

表名称不应该取得太长(一般不超过三个英文单词)。在命名表时,用单数形式表示名称。例如,使用Employee,而不是Employees。对于有主明细的表来说。明细表的名称为主表的名称＋字符Dts。例如,采购定单表的名称为PO_Order,则采购定单的明细表为PO_OrderDts。

2.2.2　表结构的定义

在第1章介绍数据库设计过程时,通过设计得到的是一个数据库表的结构,但对一个具体的数据库管理系统来说,表结构定义必须非常明确,具体包括表名、字段名、字段的数据类型、字段说明、字段的大小、有效性规则、提示信息、默认值、是否是主键等。经过详细的分析,得到了教师信息管理系统数据库中的表结构,请见第1章实验中的表1-15～表1-20。

通过设计后,就可以着手在Access中创建表了。创建表有三种主要的方法,一是使用设计器创建表,二是使用向导创建表,三是通过输入数据创建表。

注意:创建表的操作都是在数据库窗口中进行的。

1. 使用设计视图创建表

使用设计视图创建表的工作主要是定义表字段的属性。字段属性的定义主要包括字段名称、字段的大小、格式、标题、有效性规则、有效性文本与输入掩码等。

具体操作过程是选择数据库窗口左边"对象"栏中的"表",单击"设计"按钮,打开如图2.7所示的窗口。在"字段名称"栏中输入字段的名字。在"数据类型"栏中输入字段的类型,这里系统提供了一个下拉列表框,用户可以选择所需的字段类型。"说明"栏可以不输入,但是推荐用户在这里输入对字段的描述。这样不但可以帮助你维护数据库,而且当你创建了相关的表单时,这些描述信息会自动显示在表单的状态栏中。

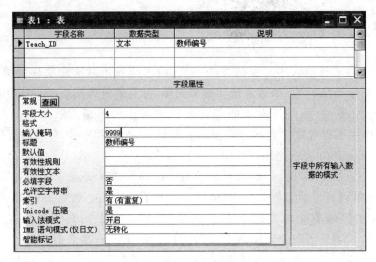

图 2.7　设置字段属性

除了上述三个属性外，字段还有一些常规属性。这里介绍表设计器中"常规"选项卡中的各项的含义。

- 字段大小：对于"文本"类型，表示字段的长度，对于"数字"类型则表示数字的精度或范围。
- 格式：数据显示的格式。
- 输入掩码：使用原义字符来控制字段或控件的数据输入。
- 标题：在相关的表单上该字段的标签上显示的标题。如果该项不输入，则以字段名作为标题。
- 默认值：字段为空时的默认值。
- 有效性规则：字段值的限制范围。
- 有效性文本：字段值违反有效性规则时的提示信息。
- 必填字段：字段值是否可以为空。
- 允许空字符串：是否允许长度为零的字符串存储在该字段中。
- 索引：是否以该字段创建索引。
- Unicode 压缩：解码压缩。

1）字段的命名

字段命名时必须采用有意义的字段名，字段名中不允许出现句点（.）、惊叹号（!）、方括号（[]）、左单引号（'），字段名最长可达 64 个字符。字段的名称常用易于理解，能表达字段含义的英文单词或缩写英文单词表示，单词首字母必须大写，一般不超过三个英文单词。例如，人员信息表中的电话号码可命名为 Telephone 或 Tel。产品明细表中的产品名称可用 ProductName 表示（推荐一般用完整的英文单词）。系统中所有属于内码字段（仅用于标示唯一性和程序内部用到的标示性字段），名称取为"ID"，该字段通常为主关键字。

系统中属于是业务范围内的编号的字段，其代表一定的业务信息，比如资料信息和单据的编号,这样的字段建议命名为"Code"。在命名表的字段时,不要重复表的名称,例如,在名为 Employee 的表中避免使用名为 EmployeeLastName 的字段。

2)数据类型的定义

Access 允许有 10 种不同的数据类型,如表 2-1 所示。

表 2-1　字段数据类型

数据类型	用　　途	大　　小
文本	(默认值)文本或文本和数字的组合,或不需要计算的数字,如电话号码	最多为 255 个字符或长度小于属性的设置值
备注	长文本或文本和数字的组合,如备注、说明等字段	最多为 655 365 字符
数字	用于算术运算的数值数据。有关如何设置特定 Number 类型的详细内容,请参阅 FieldSize 属性帮助主题	1、2、4 或 8 字节
日期/时间	从 100 到 9999 年的日期与时间值	8 字节
货币	货币值或用于数学计算的数值数据,包含 1~4 位小数。整数最多 15 位	8 字节
自动编号	当向表中添加一条新记录时,自动处理成一个唯一的顺序号(每次加 1)或随机数。该字段值不能被更新	4 字节
是/否	可以使用 Yes 和 No 值	1 位
OLE 对象	可以链接或嵌入使用 OLE 协议创建的对象,如 Microsoft Excel 电子表格、Microsoft Word 文档、图形、声音或其他二进制数据	最多为 1GB(受可用磁盘空间限制)
超链接	用于保存超链接字段,超链接可以是文件路径(UNC)或网页地址(URL)	最多为 655 365 字符
查阅向导	在向导创建的字段中,允许使用组合框来选择另一个表或值列表中的值	通常为 4 字节

注意:如果在表中输入数据后需更改字段的数据类型,保存表时由于要进行大量的数据转换处理,等待时间会比较长。如果在字段中的数据类型与更改后的数据类型设置发生冲突,则有可能丢失其中的某些数据。

3)说明

说明栏是对字段描述,用来帮助用户维护数据库,因此,在数据库设计时,建议养成书写字段说明的习惯。

注意:当针对表创建相关的表单时,这些描述信息会自动提示在表单的状态栏中。

4)字段大小

字段大小属性可以设置文本、数字或者自动编号类型的字段中可保存数据的最大容量。字段数据类型为文本,字段大小属性可设置为 0~255 之间的数字,默认值为 50。注意:字段为文本型数据时,数据的长度以字符数为单位,一个汉字与一个西文字符长度都是 1。字段数据类型为自动编号,字段大小属性可设置为长整型和同步复制 ID。字段数据类型为数字,字段大小属性的设置如表 2-2 所示。

表 2-2　字段大小属性的设置

设　置	数　值　范　围	小数位	字节数
字节	$0 \sim 255$	0	1
整型	$-32\ 768 \sim 32\ 767$	0	2
长整型	$-2\ 147\ 483\ 648 \sim 2\ 147\ 483\ 647$	0	4
单精度	$-3.4 \times 10^{38} \sim 3.4 \times 10^{38}$	7	4
双精度	$-1.8 \times 10^{308} \sim 1.8 \times 10^{308}$	15	8
同步复制 ID	全局唯一标识符	0	16

5）格式

在 Access 中，用户有时会希望系统以特定格式显示字段中的数据，以便数据更易于读取或可能使数据显示更为突出，我们可以通过应用合适的自定义格式来实现这一点。如果使用自定义格式，则所做的更改将仅应用于数据的显示方式，而不会影响数据在 Microsoft Office Access 数据库中的存储方式或用户输入或编辑数据的方式。

具有不同数据类型的字段有着不同的格式属性。下面将简要介绍常用的字段属性。

（1）日期/时间型字段。

Access 允许用户自定义日期/时间型字段的格式。自定义格式可由两部分组成，它们之间用分号分隔，第一部分用来说明日期、时间的格式，第二部分用来说明当日期/时间为空（Null）时的显示格式。日期/时间数据类型的自定义格式如表 2-3 所示。

表 2-3　日期/时间数据类型的自定义格式

格式字符	作　　用
;	设定小时、分、秒之间的分隔符
/	设定年、月、日之间的分隔符
c	按照一般日期格式显示
aaa	显示中文星期几
d	当日期是一位数时将日期显示成一位或两位数（1~31）
dd	当日期是一位数时将日期显示成两位数（01~31）
ddd	显示星期的英文缩写（Sun~Sat）
dddd	显示星期的完整英文名称（Sunday~Saturday）
ddddd	按照短日期格式显示（2002-10-14）
dddddd	按照长日期格式显示（2002 年 10 月 14 日）
w	用数字来显示星期几（1~7）
ww	显示是一年中的第几个星期（1~53）
m	当月份是一位数时将月份显示成一位或两位数（1~12）
mm	当月份是一位数时将月份显示成两位数（01~12）
mmm	显示月份的英文缩写（Jan~Dec）
mmmm	显示月份的英文完整名称（January~December）
g	显示季节（1~4）
Y	显示是一年中的第几天（1~366）
YY	用年的最后两位数显示年份（00~99）
YYYY	用四位数显示完整年份（0100~9999）

格式字符	作　　　用
h	将小时以一位或两位数显示(0～23)
hh	将小时以两位数显示(00～23)
n	将分钟以一位或两位数显示(0～59)
nn	将分钟以两位数显示(00～59)
s	将秒钟以一位或两位数显示(0～59)
ss	将秒钟以两位数显示(00～59)
tttt	按照长时间格式显示(下午 5:30:25)
AM/PM	用适当的 AM/PM 显示 12 小时制时钟
am/pm	用适当的 am/pm 显示 12 小时制时钟
A/P	用适当的 A/P 显示 12 小时制时钟
a/p	用适当的 a/p 显示 12 小时制时钟
AMPM	按照 Windows 中所设定的格式显示
一＋$()	这些字符可以直接用于显示

　　例如,要把日期显示为"XX 月 XX 日 XXXX 年",可以在格式栏输入"mm 月 dd 日 YYYY 年"。也可以在格式栏中输入"m/dd/yyyy;h:nn:ss"来重新创建"常规日期"格式。

　　(2) 数字和货币数据类型。

　　数字和货币数据类型的自定义格式如表 2-4 所示。

表 2-4　数字和货币数据类型的自定义格式

格式字符	作　　　用
.	小数分隔符
,	千位分隔符
0	数字占位符。显示一个数字或 0
#	数字占位符。显示一个数字或不显示
$	显示原义字符 $
%	百分比。数字将乘以 100,并附加一个百分比符号
E－或 e－	科学记数法,如 0.00E－00
E＋或 e＋	科学记数法,如 0.00E＋00

　　举例:假如某一字段的取值在 0.00～0.99 之间,在显示时要显示成百分数,可以为这字段的显示设置为"＃＃.＃％"。

　　(3) 文本或注释数据类型。

　　文本或备注数据类型的自定义格式如表 2-5 所示。

表 2-5　文本或备注数据类型的自定义格式

格式字符	作　　　用
@	在该位置可以显示任意可用的字符
&	在该位置可以显示任意可用的字符,不一定为文本字符
＜	使所有字母变为小写显示
＞	使所有字母变为大写显示

举例：假如在表中电话号码是文本型数据 073188144999，要显示为（0731）-88144999，可以为电话号码字段设置格式"(@@@@)-@@@@@@@@"。若给一个值指定一个大写字母格式，如果字段是空的，则出现两个问号。在这种情况下，应当将其格式属性设置为"＞；??"。

（4）是/否数据类型。

是/否数据类型字段存放的是逻辑值，如是/否、真/假、开/关等。是、真、开是等效的，同理，否、假、关也是等效的。

如果在设置属性为是/否的文本框控件中输入了"真"或"开"，数值将自动转换为"是"。

Access 提供了为是/否数据类型的字段创建一个定制的格式属性。在 Access 内部把这种数据类型以两个值来存储：－1 代表"是"，0 代表"否"。

（5）通用自定义格式符号。

当以上格式不能满足需要时，Access 允许创建自己的定制格式，并提供了一套通用符号，指定字段的显示值。通用自定义格式符号如表 2-6 所示。

表 2-6　通用自定义格式符号

格式字符	作　用
空格	将空格显示为原义字符
"要显示的文字"	显示双引号之间的任何文本
\	显示跟随其后的那个字符
!	左对齐
*	用跟随其后的那个字符作为填充字符
［颜色］	在方括号内设定显示的颜色。可用的颜色有 Black、Blue、Green、Cyan、Red、Magenta、White

6）标题

Access 标题出现在字段栏上面的标题栏中，它为每个字段设置一个标签。标题属性最多为 255 个字符。如果没有为字段设置标题属性，则 Access 会使用该字段名代替标题。

7）默认值

所谓默认值是指系统自动为所定义默认值字段输入的值。如给"性别"字段设置默认值"男"，表的"招聘日期"字段设置当前系统日期为用"＝Now()"。注意：默认值是可以修改的。

8）有效性规则和有效性文本

Access 允许用户通过设置有效性规则属性来指定对输入到记录、字段或控件中的数据的要求。当输入的数据不符合该规则时可定制出错信息提示，或使光标继续停留在该字段，直到输入正确的数据为止。定制有效性规则时使用的操作符如表 2-7 所示。

表 2-7 定制有效性规则时使用的操作符

格式字符	作　用	格式字符	作　用	格式字符	作　用
＋	加	＝	等于	And	逻辑与
－	减	＞	大于	Eqv	逻辑相等
×	乘	＜	小于	Imp	逻辑隐含
/	除	<=	小于等于	Not	逻辑非
Mod	模数除法（余数）	>=	大于等于	Or	逻辑或
\	整数除法（全部数）	<>	不等	Xor	逻辑异或
^	指数	Between	两值之间		

有效性规则的建立有如下两种途径：

（1）直接输入有效性规则。

利用直接输入的方式设置有效性规则，例如，在"借阅书籍人"表中选择"性别"字段，单击其有效性规则属性框，在其中输入"男"OR"女"。

（2）利用表达式生成器建立有效性规则。

步骤是先选择要设置的字段，如性别，而后单击该字段的"有效性规则"属性框。单击"有效性规则"属性框右边的"…"按钮。弹出"表达式生成器"对话框，如图 2.8 所示。表达式生成器主要由三部分组成：表达式框、运算符按钮和表达式元素。单击某个运算符按钮，即在表达式框中的插入点位置插入相应的运算符，还可以将表达式元素插入到表达式框中，组成所需如计算、筛选记录的表达式。

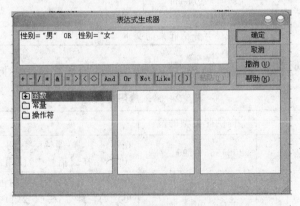

图 2.8 "表达式生成器"对话框

在出生日期字段的有效性规则定义为"Between＃1/1/1910＃and＃12/31/2009＃"。

9）输入掩码

输入掩码是一组字面字符和掩码字符，控制能够或不能够在字段中输入哪些内容。由于输入掩码强制您以特定方式输入数据，因此输入掩码在很多时候可以提供数据验证。这意味着输入掩码可以帮助防止用户输入无效数据（如在日期字段中输入电话号码）。此外，输入掩码可以帮助确保用户按照一致的方式输入数据。这种一致性可以使查找数据和维护数据库更加简便。在 Access 中，除备注、OLE 对象、自动编号三种数据类型之外，都可以使用输入掩码来格式化输入数据。

输入掩码由三部分组成,各部分用分号分隔。第一部分用来定义数据的格式,格式字符如表2-8所示。第二部分设定数据的存放方式,如果等于0,则按显示的格式进行存放;如果等于1,则只存放数据。第三部分定义一个用来标明输入位置的符号,默认情况下使用下划线。

表2-8　格式字符及意义

格式字符	作　用
0	必须在该位置输入数字(0～9,不允许输＋或－)
9	只允许输入数字及空格(可选,不允许输＋或－)
＃	只允许输入数字、＋或－及空格,但在保存数据时,空白被删除
L	必须在该位置输入字母
A	必须在该位置输入字母或数字
＆	必须在该位置输入字符或空格
？	只允许输入字母
a	只允许输入字母或数字
C	只允许输入字母或空格
！	字符从右向左填充
＜	转化为小写字母
＞	转化为大写字母
.	小数分隔符
,	千位分隔符
；/	日期时间分隔符
\	显示其后面所跟随的那个字符
"文本"	显示双引号括起来的文本

输入掩码设置是:单击"输入掩码"框,在框中输入掩码字符串。掩码举例见表2-9。

表2-9　输入掩码示例

输　入　掩　码	提供此类型的值	备　注
(000)000-0000	(206)555-0199	在本例中,必须输入区号,因为这一部分掩码(000,括在圆括号中)使用占位符0
(999)000-0000!	(206)555-0199 ()555-0199	在本例中,区号部分使用占位符9,因此区号是可选的。此外,感叹号(!)会导致从左到右填充掩码
(000)AAA-AAAA	(206)555-TELE	允许将美国样式的电话号码中的最后四位替换为字母。请注意,在区号部分使用占位符0会使区号成为强制的
＃999	－20 2000	任何正数或负数,不超过4个字符,不带千位分隔符或小数位
＞L????L?000L0	GREENGR339M3 MAY R 452B7	强制字母(L)和可选字母(?)与强制数字(0)的组合。大于号强制用户以大写形式输入所有字母。若要使用这种类型的输入掩码,必须将表字段的数据类型设置为"文本"或"备注"

输入掩码	提供此类型的值	备　注
00000-9999	98115- 98115-3007	一个强制的邮政编码和一个可选的四数字部分
>L<??????????????	Maria Pierre	名字或姓氏中的第一个字母自动大写
ISBN 0-&&&&&&&&&-0	ISBN 1-55615-507-7	书号,其中包含文本、第一位和最后一位(这两位都是强制的)、第一位和最后一位之间字母和字符的任何组合
>LL00000-0000	DB51392-0493	强制字母和字符的组合,均采用大写形式。例如,使用这种类型的输入掩码可以帮助用户正确输入部件号或其他形式的清单

另外,在创建表的过程中,还有一个关键的工作是为表设置一个"主关键字"(primary key)。方法是先选中要设置为主关键字的那一行或多行,在工具栏上单击"主键"按钮 ,这时在该行会出现一个钥匙状的图标,这表示该字段已经被设置为"主键",如图 2.9 所示。该图是我们使用表设计视图创建的 TIMS_TeacherInfo 表。

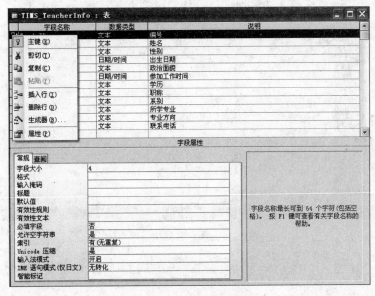

图 2.9　表设计器创建表

2. 使用数据表视图创建表

在 Access 中还允许用户不用先建立表,而是直接输入一组数据,由系统根据输入数据的特点自动确定各个字段的类型及长度,从而建立一个新表。使用表视图创建表的步骤如下:

(1)在数据库窗口中双击"通过输入数据创建表"项,将看到如图 2.10 所示的数据表视图窗口。

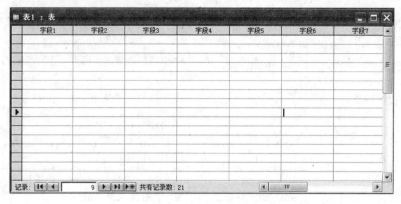

图 2.10 数据表视图窗口

（2）在这个窗口中，可以把具有相同属性的一组数据相应地输入到各个字段中。

（3）如果不改变字段名称，则表中的字段被自动命名为：字段 1、字段 2、字段 3…。当然，也可以修改字段名。方法是：

① 将鼠标指针放在要修改的字段的名字（如字段 1）上，指针会变成黑色的下箭头，这时单击，可以看到该列全部变黑，再右击，出现如图 2.11 所示的快捷菜单。

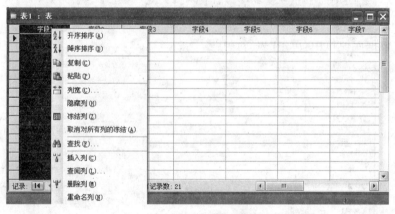

图 2.11 重命名列快捷菜单

② 在这个快捷菜单中选择"重命名列"命令，这时的"字段 1"就变成可修改的状态了，只要输入新的字段名即可。

③ 按照上面的方法修改各字段名为 TIMS _PublicationInfo 表的字段，如图 2.12 所示。

图 2.12 TIMS _PublicationInfo 表

Access 数据库技术与应用

（4）输入数据完毕后，存盘退出，存盘时要为该表命名。退出时系统会提示用户是否为该表创建"主关键字"，如果接受，系统会自动为该表加上一个主关键字段。如果不接受，可以以后在设计视图中把字段设置为主键。

（5）系统自动生成的表结构可能不完全符合要求，这时设计者可以在设计视图中进一步修改它。

2.2.3 表的维护

在创建数据库及表时，可能由于种种原因，造成表结构的设计不符合实际需要。而且随着数据库的不断使用，也需要增加一些内容或删除一些内容，这就需要对表进行维护。表结构的维护方法与建立表结构很相似，在数据对象窗口中选择表，然后单击"设计"按钮，就可以对表结构进行编辑与修改。

1. 打开与关闭表

表建立好以后，如果需要，用户可以输入与编辑表中的数据、浏览表中记录等操作，在进行这些操作之前，首先要打开相应的表，完成这些操作后，要关闭表。

在 Access 中，要完成上述操作，是在数据表视图中打开表。在数据表视图中打开表的操作步骤如下：

（1）在数据库窗口中，单击"表"对象。

（2）单击选中要打开的表，然后单击"打开"按钮 打开(O)；或直接双击要打开的表。此时便打开了所需的表。

在数据表视图下打开表以后，用户可以在该表中输入新的记录，修改已有的记录或删除不需要的记录。

表的操作结束后，应该将其关闭。不管表是处于设计视图状态，还是处于数据表视图状态，都可以通过选择"文件"菜单中的"关闭"命令或单击窗口的"关闭"按钮将打开的表关闭。

2. 编辑表的内容

Access 只允许每次操作一条记录，正在操作的记录在行选定器上显示一个三角图标▶，用于标记当前记录。当改变当前记录的数据但又没有保存时，行选定器上显示一个笔型图标，当另一用户通过网络也在操作同一记录时，行选定器上显示一个圆内加一斜线的锁定图标。编辑表的操作包括添加记录、修改记录和删除记录。

1）添加记录

打开表的数据视图画面时，表的最末端有一条空白的记录，在记录的行选定器上显示一个星号图标，表示可以从这里开始增加新的记录。

选择"插入"菜单中的"新记录"命令，插入点光标即跳至最末端空白记录的第一个字段。输入完数据后，移到另一个记录时会自动保存该记录。

2）修改记录

（1）修正数据。

直接按 Tab 键，移到要修改的字段处。将鼠标光标移到要修改的单元格的左边框，此刻鼠标光标变成一个空心的十字光标。单击，整个字段会以反白显示，表示已经选中整个字段。只要一打字，整个字段就被清成空白，之后输入的任何数据都会取代旧数据，这时行选择器的符号也会由当前的三角图标变成笔型图标，表示数据已被改变，但未存盘。

如果更正几个拼错的字母，可以按 F2 键，来切换单一字母和整个字段的选择，屏幕上反白部分消失，文本光标停在该字段的最后，再按 F2 键，整个字段又会以反白显示。可以单击要修改的文字，文本光标停留在该字母的左边，可以进行修改。如果改错了，按 Esc 键可恢复到原来状态。

（2）复制数据。

复制数据的步骤首先是选择记录。选择记录的方法是在行选择器上单击，则选择一条记录。如果按住 Shift 键，再单击最后一条记录的行选定器，则选择连续记录。

选择好记录后，选择"编辑"→"复制"命令，或按 Ctrl+C 键。

然后，移动记录光标到最后一条空记录或新位置。选择"编辑"→"粘贴"命令，或按 Ctrl+V 键。在新位置即复制出所需的记录，再在此基础上进行记录的更改。

3）删除记录

删除记录的操作步骤是单击行选定器，整条记录呈反白状态，表示已选择该条记录。若选择多条记录，则按 Shift+↑（↓）键，或直接用鼠标移到最后一条记录再同时按下鼠标左键和 Shift 键，被选择区字段成反白显示。按 Delete 键删除所有选中的记录。

3. 调整表的外观

数据表有默认的外观，如果觉得默认的数据表外观不符合要求，可以替它"换装"。

1）改变数据表格式

在菜单栏中选择"格式"→"数据表"命令，即可打开"设置数据表格式"对话框，如图 2.13 所示。

在"设置数据表格式"对话框中可以：

- 设置是否显示水平或垂直网格线。
- 选择单元格的效果设置后可在下方的"示例"栏中预览结果。
- 设置背景颜色。
- 设置边框和线条样式。
- 改变网格线颜色。

在中间的"示例"栏内可以预览设置的效果，设置好后单击"确定"按钮即可生效。

图 2.13　设置数据表格式

2) 改变数据表文本的字体及颜色

数据表和一般的文本编辑器一样,当然也可以对它进行诸如字体、颜色等方面的设置。进行字体和颜色设置的方法是:

在菜单栏中选择"格式"→"字体"命令,即可打开数据表字体设置对话框,如图2.14所示。

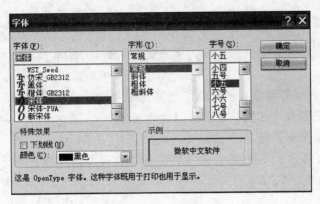

图 2.14　字体设置

在该对话框中设定字体、字形、字号以及特殊效果。

4. 获取外部数据

在 Access 中,表的数据不仅可以直接输入,也可以从其他文件(如文本文件、Excel 文件)中导入数据到 Access 的表中来,这就是 Access 表获取外部数据的方法。获取外部数据步骤如下:

(1) 打开数据库,选择"文件"→"获取外部数据"→"导入"命令,弹出如图 2.15 所示的对话框。

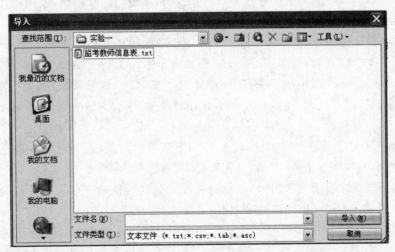

图 2.15　链接表

（2）单击"文件类型"下拉箭头，弹出一个下拉列表框，如图 2.16 所示。

这些文件类型链接的方法基本上是一样的，只要选中相应的数据库类型，并且选中需要的数据库文件，按照导入向导就可以完成链接工作。

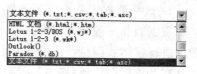

图 2.16　文件类型

5. 查找数据和替换数据

Access 除了允许对记录进行一些增加、删除和修改的基本操作外，还可以进行记录的查找。

处理数据时，有时需要从表的成百上千条记录中挑选出某条记录进行专门的编辑。Access 提供了用查找命令实现快速查找记录的方法。

查找记录的操作步骤如下：

（1）打开要查找数据的表，将光标移动到 Access 需要搜索的字段。

（2）单击工具栏中的"查找"按钮，或选择"编辑"→"查找"命令，弹出"查找和替换"对话框，如图 2.17 所示。

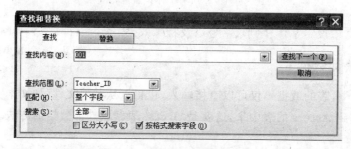

图 2.17　"查找和替换"对话框

（3）在"查找内容"文本框中输入字段的查找值，单击"查找"按钮，就能把光标定位在第一条满足条件的记录。

注意：根据搜索条件，可以在表格中找到多个匹配的记录。要查找下一个匹配记录，则单击"查找下一个"按钮，如果有，Access 将显示出来。在"查找范围"下拉列表框中，有"当前所在的字段"和"整个表"两项可供选择；在"匹配"下拉列表框中，有"字段任何部分"、"整个字段"和"字段开头"三项可供选择；在"搜索"下拉列表框中，有"向上"、"向下"和"全部"三项可供选择，可任意设置搜索方式。

Access 搜索完所有记录，如果未找到另一个匹配的记录，它会显示一条已完成搜索记录的消息，单击"取消"按钮，关闭"查找和替换"对话框。

当需要批量修改表的内容时，可以使用替换功能加快修改速度。替换记录的操作步骤类似查找记录的操作步骤，具体步骤如下：

（1）将光标移到 Access 需搜索的字段，选中该字段，按 Ctrl＋C 键进行复制。

（2）单击工具栏中的"查找"按钮，或选择"编辑"→"查找"命令，弹出"查找和替换"对话框。选择"替换"选项卡，其界面如图 2.18 所示。

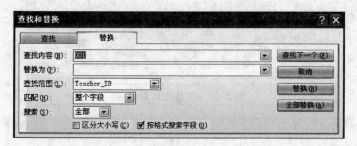

图 2.18 "查找和替换"对话框

（3）将插入点放置在"查找内容"框中，按 Ctrl＋V 键，粘贴所要查找的正文字段。

（4）在"替换为"框中输入要替换的值。

（5）单击"全部替换"按钮，弹出确认对话框，单击"是"按钮，则全部替换，单击"否"按钮则撤销全部替换操作。

6. 筛选记录

使用 Access 筛选，就是在表的众多记录中，让符合条件的所需记录显示出来。将不需要的记录隐藏起来。Access 在筛选的同时还可以对数据视图中的表进行排序。

Access 提供了 3 种筛选途径，一是按选定内容筛选，二是按窗体筛选，三是高级筛选/排序。

1）按选定内容筛选

按选定内容筛选的方法只能选择与选定内容相同的记录，其操作步骤是将光标移到要筛选的字段，选中该字段值。

单击工具栏中的"按选定内容筛选"按钮，或单击"记录"→"筛选"→"按选定内容筛选"命令，即可筛选记录，如图 2.19 所示。结果如图 2.20 所示。

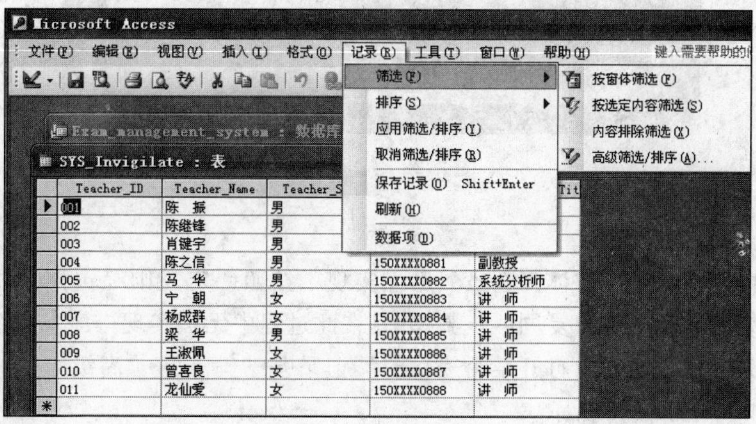

图 2.19 "筛选"操作

此时，在表的状态栏中显示了"共有记录数"为符合选定内容的记录数目。如果要取消筛选，重新显示全部记录，则需单击工具栏中的"删除筛选"按钮，或选择"记录"→"取消

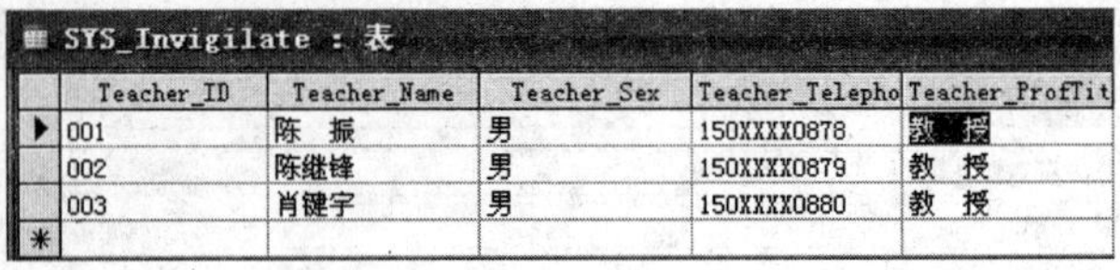

图 2.20　按选定内容筛选

筛选/排序"命令即可。

2）按窗体筛选

按选定内容筛选必须从表中找到一个所需的值并且一次只能指定一个筛选准则。如果要一次指定多个筛选准则,就需要使用"按窗体筛选"。

按窗体筛选的操作步骤是在数据视图中打开某个表。单击工具栏中的"按窗体筛选"按钮,或选择"记录"→"筛选"→"按窗体筛选"命令,弹出筛选条件设置画面。依次设置几个筛选条件,如图 2.21 所示。

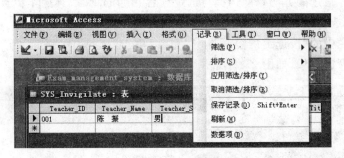

图 2.21　按窗体筛选

单击工具栏中的"应用筛选"按钮,或选择"记录"→"应用筛选/排序"命令,这时 Access 立即按设定的筛选条件对记录进行过滤,将符合条件的记录显示出来,如图 2.22 所示。

图 2.22　应用筛选

3）高级筛选/排序

按选定内容筛选和按窗体筛选虽然已经实现了按照一定规则筛选记录的功能,但当筛选准则较多时必须多次重复同一步骤,并且在此过程中无法实现排序。高级筛选/排序的操作步骤是在数据视图中打开某个表;选择"记录"→"筛选"→"高级筛选/排序"命令,弹出筛选窗口,如图 2.23 所示。

在"字段"文本框中指定要添加筛选条件的字段,可把表中的字段直接拖到其中;在"排序"文本框中指定该字段的排序方式,如降序、升序或不进行排序;在"条件"文本框中设定筛选的条件。

重复上述过程,设定好其他字段的排序方式及筛选条件。

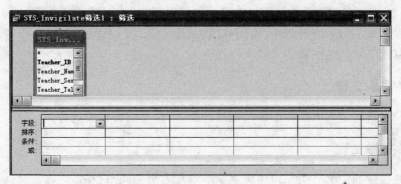

图 2.23　高级筛选

　　单击工具栏中的"应用筛选"按钮,或选择"记录"→"应用筛选/排序"命令,这时 Access 立即按设定的筛选条件对记录进行过滤,将符合条件的记录显示出来。

2.3　建立表之间的关系

　　数据库中的各表之间并不是孤立的,它们彼此之间存在或多或少的联系,这就是"表之间的关系"。这也正是数据库系统与文件系统的主要区别。只有合理地建立了表之间的关系,才能为数据库后续的应用打下良好的基础。

2.3.1　表的主关键字

　　数据库中的每一个表都必须有一个主关键字,主关键字除了用于标识表中记录的唯一性外,更重要的作用在于多个表间的链接。当数据库中包含多个表时,需要通过主键的链接来建立表间的关系。使得各表能够协同工作。指定了表的主键之后,为确保唯一性,Access 将防止在主键字段中输入重复值或 Null(空值)。当用户为表定义了一个主键后,用户必须遵循以下的几条规则:

- 主键必须唯一地识别每一记录。
- 一个记录的主键不能为空。
- 当输入记录时,主键的值必须存在。
- 不能更改主键的域。
- 主键的值不能改变。

在 Access 中,可以定义自动编号主键、单字段主键与多字段主键三种类型的主键。

1. "自动编号"主键

　　在进行表设计时,用户可以创建"自动编号"字段。所谓自动编号就是当用户向表中添加每一条记录时,"自动编号"字段将自动输入连续数字的编号。将自动编号字段指定为表的主键是创建主键的最简单的方法。如果在保存新建的表之前未设置主键,则

Microsoft Access 会询问是否要创建主键。如果回答为"是"，Microsoft Access 将把自动编号字段设置成主键，如果用户没有创建"自动编号"字段，系统将为表自动创建"自动编号"字段，且把它定义为主键。

2. 单字段主键

单字段主键的定义方法在前面已做过介绍，请参见前面相关内容。

3. 多字段主键

多字段主键的定义方法与单字段主键的定义方法相同，只是要求在表设计视图中，要先选择定义为主键的多个字段。选择多字段的方法是按住 Ctrl 键，然后单击需定义为主键的多个字段，然后设定为主键。

注意：*更改主键时，首先要删除旧的主键，而删除旧的主键，先要删除其被引用的关系。*

2.3.2　表之间关系的建立

要在表之间建立关系，必须确保表拥有相同数据类型的字段。其设置步骤如下：

（1）打开表所在的数据库窗口。

（2）选择"工具"→"关系"命令，弹出"显示表"对话框，如图 2.24 所示。

（3）在"显示表"对话框中，选择要建立关系的表，然后单击"添加"按钮。依次添加所需的表后，单击"关闭"按钮。

（4）接着在"关系"窗口中选择其中一表中的主键，按下鼠标左键拖曳到另一表中的外键上，释放鼠标后，弹出"编辑关系"对话框。

（5）在"编辑关系"对话框中选中"实施参照完整性"的"级联更新相关字段"复选框。使当在更新主表中的主键字段的内容时，同步更新关系表中相关字段的内容。

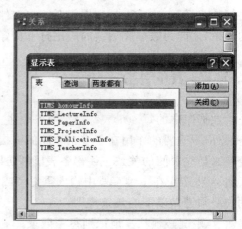

图 2.24　"显示表"对话框

（6）在"编辑关系"对话框中选中"实施参照完整性"的"级联删除相关字段"复选框。使在删除主表中记录的同时删除关系表中的相关记录。

（7）接着单击"联接类型"按钮，弹出"联接属性"对话框，在此选择连接的方式，并单击"确定"按钮。

（8）在"编辑关系"对话框中单击"创建"按钮，就可以在创建关系的表之间有一条线将其连接起来，表示已创建好表之间的关系，如图 2.25 所示。

（9）关闭"关系"窗口，这时会询问是否保存关系的设定，按需要回答。

编辑或者修改关联性的操作是直接在这一条线上双击，然后在弹出的"编辑关

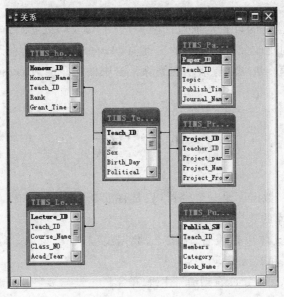

图 2.25 数据库表之间的关系

系"对话框中进行修改。删除关联性的操作是在这一条线上单击,然后再按 Delete 键删除。

2.3.3 参照完整性

关系模型的完整性是对关系的某种约束条件。在第 1 章已经介绍过,在关系模型中有实体完整性(主属性不能取空值)、参照完整性和用户定义完整性 3 类完整性约束,其中实体完整性和参照完整性是关系模型必须满足的约束条件。

对参照完整性来说,究其实质是定义两个表之间的公共关键字之间的引用规则,也就是说定义外键与主键之间的引用规则。

参照完整性的操作规则要求是在三个方面:一是不能在子表的外键字段中输入父表主键中不存在的值;二是如果在子表中存在匹配的记录,则不能从主表中删除相对应的记录;三是如果在子表中存在匹配的记录,则不能在主表中修改主键的值。

设置参照完整性的方法是:打开已经设置好关联的数据库,选择"工具"→"关系"命令,进入关系视图,如图 2.25 所示。

单击要设置参照完整性的两个表之间的关系线,此时该线会自动加粗,然后选择"关系"→"编辑关系"命令,打开"编辑关系"对话框,如图 2.26 所示。

在该对话框中的下半部有一个实施参照完整性的选项组,选中"实施参照完整性"复

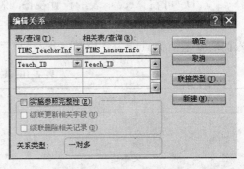

图 2.26 "编辑关系"对话框

选框,然后设定即可。

Access 参照完整性的设置选项包括两项,一项为级联更新,另一项为级联删除。级联更新表示无论何时更改父表中记录的主键值,Access 都会自动在子表所有相关的记录中将外键更新为新值。级联删除表示在删除父表中的记录时,Access 将会自动删除相关表中相关的记录。

小 结

- 在 Access 中,数据库是一个容器,表是存放在该容器中一个非常重要的对象,表存放着数据库的数据。
- 表结构定义具体包括表名、字段名、数据类型、字段说明、字段的大小、有效性规则、提示信息和默认值等内容。
- 在 Access 中,可以定义自动编号主键、单字段主键与多字段主键 3 种类型的主键。
- 当一个数据库中包含多个表时,需要通过公共键来建立表间的关系。使得各表能够协同工作。
- 参照完整性是定义两个表之间的公共关键字之间的引用规则。
- 参照完整性的设置选项包括级联更新与级联删除。

习 题 2

1. 单选题

(1) 下面关于 Access 表的叙述中,错误的是_____。

    A. 在 Access 表中,可以对备注型字段进行“格式”属性设置

    B. 若删除表中含有自动编号型字段的一条记录后,Access 不会对表中自动编号型字段重新编号

    C. 创建表之间的关系时,应关闭所有打开的表

    D. 可在 Access 表的设计视图“说明”列中,对字段进行具体的说明

(2) 已建立的 Employee 表,表结构及表内容如表 2-10 和表 2-11 所示。若要确保输入的联系电话值只能为 8 位数字,应将该字段的输入掩码设置为_____。

表 2-10 Employee 表结构

字段名称	字段类型	字段大小	字段名称	字段类型	字段大小
雇员 ID	文本	10	职务	文本	14
姓名	文本	10	简历	备注	
性别	文本	1	联系电话	文本	8
出生日期	日期/时间				

表 2-11　Employee 表记录

雇员 ID	姓名	性别	出生日期	职务	简　　历	联系电话
1	王宁	女	1960-1-1	经理	1984 年大学毕业,曾是销售员	35976450
2	李清	男	1962-7-1	职员	1986 年大学毕业,现为销售员	35976451
3	王创	男	1970-1-1	职员	1993 年专科毕业,现为销售员	35976452
4	郑炎	女	1978-6-1	职员	1999 年大学毕业,现为销售员	35976453
5	魏小红	女	1934-11-1	职员	1956 年专科毕业,现为销售员	35976454

  A. 00000000　　　　B. 99999999　　　　C. ########　　D. ????????

(3) 已建立的 tEmployee 表,表结构及表内容见上一题中的表所示。在 tEmployee 表中,"姓名"字段的字段大小为 10,在此列输入数据时,最多可输入的汉字数和英文字符数分别是_____。

  A. 5 5　　　　　　B. 5 10　　　　　　C. 10 10　　　　　D. 10 20

(4) 利用 Access 创建的数据库文件,其扩展名为_____。

  A. .ADP　　　　　B. .DBF　　　　　C. .FRM　　　　　D. .MDB

(5) 在 Access 表中,可以定义 3 种主关键字,它们是_____。

  A. 单字段、双字段和多字段　　　　　B. 单字段、双字段和自动编号

  C. 单字段、多字段和自动编号　　　　　D. 双字段、多字段和自动编号

(6) 在已经建立的数据表中,若在显示表中内容时使某些字段不能移动显示位置,可以使用的方法是_____。

  A. 排序　　　　　B. 筛选　　　　　C. 隐藏　　　　　D. 冻结

(7) Access 提供的数据类型中不包括_____。

  A. 备注　　　　　B. 文字　　　　　C. 货币　　　　　D. 日期/时间

(8) Access 中表和数据库的关系是_____。

  A. 一个数据库可以包含多个表　　　　B. 一个表只能包含两个数据库

  C. 一个表可以包含多个数据库　　　　D. 一个数据库只能包含一个表

(9) 在关于输入掩码的叙述中,错误的是_____。

  A. 在定义字段的输入掩码时,既可以使用输入掩码向导,也可以直接使用字符

  B. 定义字段的输入掩码,是为了设置密码

  C. 输入掩码中的字符"0"表示可以选择输入数字 0~9 之间的一个数

  D. 直接使用字符定义输入掩码时,可以根据需要将字符组合起来

(10) 在 Access 中,"文本"数据类型的字段最大为_____个字节。

  A. 64　　　　　　B. 128　　　　　　C. 255　　　　　D. 256

(11) 使用表设计器来定义表的字段时,以下_____可以不设置内容。

  A. 字段名称　　　B. 数据类型　　　C. 说明　　　　　D. 字段属性

(12) 在数据表的设计视图中,数据类型不包括_____类型。

  A. 文本　　　　　B. 逻辑　　　　　C. 数字　　　　　D. 备注

（13）如果一张数据表中含有照片，那么"照片"这一字段的数据类型通常为_____。

    A. 备注   B. 超级链接   C. OLE 对象   D. 文本

（14）必须输入任一字符或空格的输入掩码是_____。

    A. 0   B. &   C. A   D. C

（15）以下关于主关键字的说法，错误的是_____。

    A. 使用自动编号是创建主关键字最简单的方法

    B. 作为主关键字的字段中允许出现 Null 值

    C. 作为主关键字的字段中不允许出现重复值

    D. 不能确定任何单字段的值的唯一性时，可以将两个或更多的字段组合成为主关键字

（16）字段名最多可达_____个字符。

    A. 16   B. 32   C. 64   D. 128

（17）必须输入 0～9 的数字的输入掩码是_____。

    A. 0   B. &   C. A   D. C

（18）Access 的数据库类型是_____。

    A. 层次数据库   B. 网状数据库   C. 关系数据库   D. 面向对象数据库

（19）以下关于货币数据类型的叙述，错误的是_____。

    A. 向货币字段输入数据时，系统自动将其设置为 4 位小数

    B. 可以和数值型数据混合计算，结果为货币型

    C. 字段长度为 8 字节

    D. 向货币字段输入数据时，不必输入美元符号和千位分隔符

（20）在 Access 数据库中，表就是_____。

    A. 关系   B. 记录   C. 索引   D. 数据库

（21）能够使用"输入掩码向导"创建输入掩码的字段类型是_____。

    A. 数字和日期/时间   B. 文本和货币

    C. 文本和日期/时间   D. 数字和文本

（22）Access 数据库表中的字段可以定义有效性规则，有效性规则是_____。

    A. 控制符   B. 文本   C. 条件   D. 前 3 种说法都不对

（23）邮政编码是由 6 位数字组成的字符串，为邮政编码设置输入掩码，正确的是_____。

    A. 000000   B. 999999   C. CCCCCC   D. LLLLLL

（24）如果字段内容为声音文件，则该字段的数据类型应定义为_____。

    A. 文本   B. 备注   C. 超级链接   D. OLE 对象

（25）假设一个书店用（书号，书名，作者，出版社，出版日期，库存数量……）一组属性来描述图书，可以作为"关键字"的是_____。

    A. 书号   B. 书名   C. 作者   D. 出版社

（26）Access 数据库中，为了保持表之间的关系，要求在子表（从表）中添加记录时，如

果主表中没有与之相关的记录,则不能在子表(从表)中添加该记录。为此需要定义的关系是_____。

    A. 输入掩码   B. 有效性规则   C. 默认值   D. 参照完整性

(27) 下列属于 Access 对象的是_____。

    A. 文件   B. 数据   C. 记录   D. 查询

(28) 在 Access 数据库的表设计视图中,不能进行的操作是_____。

    A. 修改字段类型   B. 设置索引

    C. 增加字段   D. 删除记录

(29) 如果输入掩码设置为"L",则在输入数据的时候,该位置上可以接受的合法输入是_____。

    A. 必须输入字母或数字   B. 可以输入字母、数字或空格

    C. 必须输入字母 A～Z   D. 任意符号

(30) 定义字段默认值的含义是_____。

    A. 不得使该字段为空

    B. 不允许字段的值超出某个范围

    C. 在未输入数据之前系统自动提供的数值

    D. 系统自动把小写字母转化为大写字母

(31) Access 数据库中,为了保持表之间的关系,要求在主表中修改相关记录时,子表相关记录随之更改。为此需要定义参照完整性关系的_____。

    A. 级联更新相关字段   B. 级联删除相关字段

    C. 级联修改相关字段   D. 级联插入相关字段

(32) 在 Access 的数据表中删除一条记录,被删除的记录_____。

    A. 可以恢复到原来位置   B. 被恢复为最后一条记录

    C. 被恢复为第一条记录   D. 不能恢复

(33) 在 Access 中,参照完整性规则不包括_____。

    A. 更新规则   B. 查询规则

    C. 删除规则   D. 插入规则

(34) 在定义表中字段属性时,对要求输入相对固定格式的数据,例如电话号码 010-65971234,应该定义该字段的_____。

    A. 格式   B. 默认值

    C. 输入掩码   D. 有效性规则

2. 填空题

(1) 在 Access 中可以定义自动编号、单字段及_____三种主关键字。

(2) 如果表中一个字段不是本表的主关键字,而是另外一个表的主关键字或候选关键字,这个字段称为_____。

(3) 在向数据表中输入数据时,若要求所输入的字符必须是字母,则应该设置的输入掩码是_____。

（4）在 Access 中建立的数据库文件的扩展名是_____。

（5）在关系数据库中，从关系中找出满足给定条件的元组，该操作可称为_____。

（6）Access 提供了两种字段数据类型保存文本和数字组合的数据，这两种类型分别是文本和_____。

（7）参照完整性是一个准则系统，Access 使用这个系统用来确保相关表中的记录之间_____的有效性。

（8）在 Access 中，数据类型主要包括自动编号、文本、备注、数字、日期/时间、_____、是/否、OLE 对象等。

（9）Access 数据库包括表、查询、窗体、报表、_____、宏和模块等基本对象。

实　验　2

实验目的：建立高校教师信息管理数据库。

实验要求：完成高校教师信息管理数据库表结构的建立、数据输入以及表之间关系的建立，同时熟练表的基本操作。

实验学时：2 课时

实验内容与提示：

（1）按照第 1 章实验中的表 1-15 至表 1-20 建立教师基本信息表（TIMS_TeacherInfo）、教师授课信息表（TIMS_LectureInfo）、教师出版物信息表（TIMS_PublicationInfo）、教师发表论文信息表（TIMS_PaperInfo）、教师所获荣誉信息表（TIMS_HonourInfo）与教师主持项目信息表（TIMS_ProjectInfo）建立 TeacherInfoo 数据库。

注意：

① TIMS_TeacherInfo 表的 Title_Technical 字段为查阅向导，列表值为"教授"、"副教授"、"讲师"、"助教"、"高级工程师"、"工程师"、"技术员"与"其他"。

② TIMS_LectureInfo、TIMS_PublicationInfo、TIMS_PaperInfo、TIMS_HonourInfo 与 TIMS_ProjectInfo 等 5 个表的 Teach_ID 字段的数据类型为查阅向导，数据来源于 TIMS_TeacherInfo 表的 Teach_ID。数据输入时，显示 Name 与 Teach_ID，输入数据为 Teach_ID。

③ TIMS_HonourInfo 与 TIMS_ProjectInfo 表的 Rank 字段为查阅向导，数据来源于列表，列表值为"国家级"、"省部级"与"校厅级"。

④ TIMS_PaperInfo 表的 Rank 字段为查阅向导，数据来源于列表，列表值为 EI、"中文核心"、"省级期刊"。

⑤ TIMS_PublicationInfo 表的 Category 字段为查阅向导，数据来源于列表，列表值为"教材"与"著作"。

（2）请分别为每个表输入如下数据：

① 请为 TIMS_TeacherInfo 表输入表 2-12 所示的数据。

表 2-12　教师基本信息表

教师编号	姓名	性别	出生日期	政治面貌	参加工作时间	学历	职称	系别	所学专业	专业方向	联系电话
0001	陈振	男	966-12-30	党员	1989-8-20	研究生	教授	计算机基础科学系	计算机应用	数字图像	150XXXX0878
0002	陈继锋	男	1966-8-8	党员	1991-8-7	博士生	教授	软件系	计算机应用	软件测试	131XXXX0789
0003	马华	男	.979-11-11	党员	2005-9-1	研究生	讲师	软件系	计算机应用	数据流	133XXXX5666
0004	梁华	男	1979-6-6	党员	1998-7-1	研究生	讲师	计算机基础科学系	计算机应用	网络协议	158XXXX7676
0005	高海波	男	1979-7-8	党员	1998-7-1	研究生	讲师	计算机基础科学系	计算机应用	无线网	123XXXX8989

② 请为 TIMS_LectureInfo 表输入表 2-13 所示的数据。

表 2-13　教师授课信息表

授课编号	教师编号	课程名称	授课班级	授课学年	周学时	授课地点
0001	0001	大学计算机基础	计科0901	2009	4	7306
0002	0001	高级网络技术	计网0903	2009	4	7205
0003	0002	高级程序设计	计软0901	2009	4	7305
0004	0002	软件测试	计科0901	2009	2	6415
0005	0003	C#	计软0801	2009	4	7316
0006	0003	Java程序设计	计软0802	2009	4	7214
0007	0004	网络构架	计网0903	2009	4	7205
0008	0004	Access数据库技术与应用	材科0001	2010	4	8215
0009	0005	计算机应用基础	会计0901	2009	4	2316

③ 请为 TIMS_PublicationInfo 表输入表 2-14 所示的数据。

表 2-14　教师出版物信息表

书号	主编	参与人员	类别	书名	出版日期	出版社	获奖情况
9787508465784	0001	杨成群, 王李桔等	教材	大学计算机基础	2007-8-1	中国水利水电出版社	湖南省教学成果三等奖
9787508465785	0001	高海波等	教材	计算机组装与维护	2005-8-1	国防科技大学出版社	高等学校"十一五"规划教材
9787508469157	0002	马华等	教材	数据库技术与应用	2010-1-1	中国水利水电出版社	高等学校"十一五"规划教材
978758469158	0002		著作	软件测试技术	2008-6-1	方正出版社	

④ 请为 TIMS_PaperInfo 表输入表 2-15 所示的数据。

表 2-15　教师发表论文信息表

编号	第一作者	论文题目	发表时间	发表刊物	等级	获奖情况
0001	0001	软件人才培养方法探析	2010-7-1	计算机时代	省级期刊	
0002	0001	一种图像恢复算法	2008-7-1	中国图形图像学报	国家级	
0003	0002	软件测试技术探析	2007-8-8	计算机工程	中文核心	
0004	0003	数据流的应用	2008-9-9	计算机应用	中文核心	
0005	0004	精品课程的建设思路探析	2010-10-1	大学教育	中文核心	

⑤ 请为 TIMS_HonourInfo 表输入表 2-16 所示的数据。

表 2-16　教师荣誉信息表

荣誉编号	称号	获奖者	级别	授予时间	授予单位
0001	民办教育百佳教师	0001	省部级	2010-1-1	湖南省
0002	优秀教师	0001	校厅级	2010-9-10	学院
0003	教学成果先进个人	0002	校厅级	2008-9-10	学院
0004	教学成果先进个人	0003	校厅级	2008-9-10	学院
0005	优秀共产党员	0004	校厅级	2007-7-1	学院
0006	十佳良师益友	0005	校厅级	2009-5-4	学院

⑥ 请为 TIMS_ProjectInfo 表输入表 2-17 所示的数据。

表 2-17　教师项目信息表

项目编号	主持人编号	主要参与人	项目名称	项目来源	级别	起始时间	结束时间	结题
0001	0001	宁朝、张波等	强化工程能力的软件人才培养	湖南省教育厅	省部级	2010-6-1	2013-6-1	☐
0002	0001	高海波等	网络实验室构建模式研究	湖南省教育规划办	省部级	2006-9-9	2008-11-30	☑
0003	0003	陈振、马华等	工学人才培养模式构建	湖南省教育枯	省部级	2009-6-6	2010-8-30	☐

（3）请为数据库中的表之间建立关联，关系设置实施参照完整性为级联更新与级联删除。

（4）在 exper1 文件夹下，samp1.mdb 数据库文件已建立表对象 tEmployee。试按以下操作要求，完成表的编辑。

① 设置"编号"字段为主键。

② 设置"年龄"字段的"有效性规则"属性为：大于等于 17 且小于等于 55。

③ 设置"聘用时间"字段的默认值为系统当前日期。

④ 交换表结构中的"职务"与"聘用时间"两个字段的位置。

⑤ 删除表中职工编号为 000024 和 000028 的两条记录。

⑥ 在编辑完的表中追加以下一条新记录。

编号	姓名	性别	年龄	聘用时间	所属部门	职务	简历
000031	王涛	男	35	2004-9-1	02	主管	熟悉系统维护

（5）在 exper1 文件夹下的 samp2.mdb 数据库文件中建立表 tTeacher，表结构如表 2-18 所示。

表 2-18 表结构

字段名称	数据类型	字段大小	格式
编号	文本	5	
姓名	文本	4	
性别	文本	1	
年龄	数字	整型	
工作时间	日期/时间		短日期
职称	文本	5	
联系电话	文本	12	
在职否	是/否		是/否
照片	OLE 对象		

① 设置"编号"字段为主键。

② 设置"职称"字段的默认值属性为"讲师"。

③ 设置"年龄"字段的有效性规则为大于等于 18。

④ 在 tTeacher 表中输入如表 2-19 所示的记录。

表 2-19 记录内容

编号	姓名	性别	年龄	工作时间	职称	联系电话	在职否	照片
92016	李丽	女	32	1992-9-3	讲师	010-62392774	✓	位图图像

注意：教师李丽的"照片"字段数据，要求采用插入对象的方法，插入考生文件夹下的"李丽.bmp"图像文件。

第 **3** 章 查询

查询是数据库设计目的的体现,建立好数据库以后,数据只有被用户查询才能体现出它的价值。查询是 Access 处理和分析数据的工具,它依据一定的条件从数据库中查找出用户感兴趣的数据。当建立和运行了一个查询以后,Access 可以返回并显示用户在数据表中所查询的记录集。该记录集是一个动态集(Dynaset),查询结果会根据表中数据的变化而发生变化。本章将介绍与查询有关的知识。

主要学习内容
- 查询的基本知识;
- 创建选择查询;
- 创建交叉表查询;
- 创建参数查询;
- 创建操作查询;
- 创建 SQL 查询。

3.1　查询的基本知识

数据库不仅用来记录各种各样的数据信息,还要对数据进行管理。在各种管理工作中,最基本的操作就是查询。查询是数据库提供的一组功能强大的数据管理工具,用于对数据表中的数据进行查找、统计、计算、排序、修改等操作。

查询可以针对单一表,也可以针对多个表,当然也可以针对查询,按照设置的条件过滤出符合的记录,并将数据经过运算或其他功能而列出。查询的结果可以作为其他窗体、报表或网页的数据来源。

3.1.1　查询的功能

Access 的查询功能非常强大,且提供查询的方式也非常灵活。在 Access 中,用户可以根据不同的需求,使用多种方法来实现数据的查询。查询的主要功能如下:
- 选择表:可以从单个表或一些通过公共键相联系的多个表中获取信息。
- 选择字段:可以从每个表中指定要在结果动态集中看到的字段。
- 选择记录:通过指定规则选择要在动态集中显示的记录。
- 排序记录:可以按照某一特定的顺序查看动态集的信息。

- 执行计算：可以使用查询来对表中的数据进行计算。如对某个字段求平均值、求总和或简单地统计等。
- 建立表：可以以查询的结果生成数据表，也就是说，查询可以建立这种基于动态集的新表。
- 建立基于查询的报表和窗体：报表或窗体中所需要的字段和数据可以是来自于从查询中建立的动态集。使用基于查询的报表或窗体时，每一次打印该报表或使用窗体时，查询将对表中的当前信息进行更新检索。
- 建立基于查询的图表：可以以查询所得到的数据建立图表，然后放于窗体或报表中。
- 使用查询作为子查询：可以建立辅助查询，该查询是以查询的动态集建立的查询。这种查询方式可以缩小检索的数据范围。
- 修改表：在 Access 中，通过对表的查询实现数据的修改。

总之，使用查询的目的体现在 6 个方面，一是查找合适的字段；二是找出用户想得到的记录；三是为数据表中的记录排序；四是从多表中查询数据；五是使用查询结果集生成窗体与报表；六是对表中的数据进行统计等计算。

3.1.2　查询的分类

Access 数据库中的查询根据选择方式的不同可分为选择查询、交叉表查询、参数查询、操作查询和 SQL 查询 5 种。上面提到的查询功能可以通过这些查询方式来实现。

1. 选择查询

选择查询是最常见的查询类型，顾名思义，它是从一个或多个表中检索数据，并且在可以更新记录（带有一些限制条件）的数据表中显示结果。当然，在 Access 中也可以使用选择查询来对记录进行分组，对记录作求和、计数、平均及其他类型的总计计算。

利用选择查询可以方便地查看一个数据表中的部分或全部数据。执行一个选择查询时，需要从指定的数据库中去查找数据，查询的对象可以是表或其他的查询，检索数据的总量由定义的选择条件来决定。查询的结果是一组记录。动态集是查询得到的信息的一个集合，以视图方式来显示。视图这个词描述了从一个数据表中将一组记录独立出来，放在一起，并且这些记录符合查询要求。作为查询，可以对动态集内的记录进行删除、修改或增加新的记录。当修改动态集内的数据时，这种改动也同时被写入了与动态集相关联的数据表中。如果修改查询表中某个字段后，这个新的信息将会被回写到该数据的来源处。

2. 交叉表查询

交叉表查询用来显示来源于表中某个字段的总结值，这个总结值可以是一个合计、计数以及平均等，并将它们分组，一组列在数据表的左侧，一组列在数据表的上部。换句话说，交叉查询是利用表的行和列来统计数据，结果动态集中的每个单元都是根据一定运算得到的值。

3. 操作查询

选择查询用于检查符合特定条件的记录集,而操作查询是对查询所生成的动态集进行更改的查询。操作查询和选择查询有点相类似,它们都是由用户指定所要选出的记录的条件,但是操作查询可以对表进行修改。操作查询可分为删除查询、更新查询、追加查询和生成表查询 4 种类型。删除查询是从一个或多个表中删除一组记录。更新查询可以对一个或多个表中的一组记录做更改。追加查询是从一个或多个表中将数据查出追加到另一个表的尾部。生成表查询是通过查询将查询的结果生成一个新表。

生成表查询可以应用在以下方面:

- 创建用于导出到其他 Access 数据库的表。
- 创建从特定时间点显示数据的报表。
- 创建表的副本。
- 创建包含旧记录的历史表。
- 可以提高基于表查询或 SQL 语句的窗体和报表的性能。

4. SQL 查询

SQL 查询就是用户使用 SQL 语句来创建的一种查询。SQL 查询包括联合查询、传递查询、数据定义查询和子查询 4 类。

联合查询是将来自一个或多个表或查询的字段(列)组合作为查询结果中的一个字段或列。

传递查询是直接将命令发送到 ODBC(Open Database Connectivity,开放式数据库连接)数据库,服务器能接受与处理收到的命令。例如,可以使用传递查询来检索记录或更改数据。

子查询是包含在另一个选择查询或操作查询中的 SQL SELECT 语句。可以在查询设计网格的"字段"行输入这些语句来定义新字段,或在"条件"行来定义字段的条件。在以下的几个方面可以使用子查询:

- 测试子查询的某些结果是否存在。
- 在主查询中查找任何等于、大于或小于由子查询返回的值。
- 在子查询中使用嵌套子查询来创建子查询。

5. 参数查询

参数查询是在执行查询时显示一个对话框(如图 3.1 所示)以提示输入信息的查询。例如,在对话框中输入一定的条件,用它来检索要插入到字段中的记录或值。参数查询可实现多参数查询。例如,可以设计用来提示输入两个日期的查询,然后 Access 检索这两个日期之间所有数据表中的记录。

在 Access 中,将参数查询作为窗体和报表的基础也

图 3.1 参数查询的参数输入界面

是很方便的。例如,可以利用参数查询为基础创建月盈利报表。在打印报表时,Access显示对话框来询问所需报表的月份。在输入月份后,Access便打印相应的报表。也可以创建自定义窗体或对话框来代替使用参数查询对话框提示输入查询的参数。

3.1.3 查询准则

查询通过指定的条件查找满足该条件的数据,该条件称为查询准则。查询准则的设定是在查询设计视图以及"高级筛选/排序"窗口中,通过在"条件"单元格内设定条件表达式来实现的,如图 3.2 所示。由于查询准则是运算符、常量、字段值、函数、字段名和属性等的任意组合,因此想要快捷、有效地实现查询,必须掌握查询准则的书写方法。

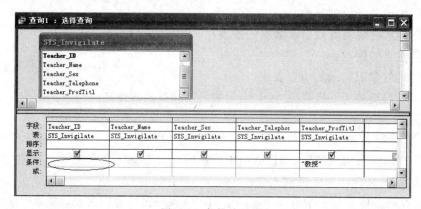

图 3.2 条件单元格

1. 准则中的运算符

在设置准则时,需用到如表 3-1 所示的运算符。

表 3-1 运算符

运 算 符	功 能	举 例
=,>,<,>=,<=,! =,<>,!>,!<,NOT+上述比较运算符	比较	
BETWEEN AND,NOT BETWEEN AND	确定范围	Between 75 and 90
IN,NOT IN	确定集合	In("山东","浙江","安徽")
LIKE,NOT LIKE	字符匹配	like "李 * "
IS NULL,IS NOT NULL	空值	is Null (为空值),is not Null(为非空值)
AND,OR	多重条件	>75 and <84

2. 准则中的通配符

通配符是一类键盘字符,它们能代替一个或多个真正字符,用于设定文本数据的查询

准则。在 Access 中,常用的通配符有?、＊、♯、[]等,它们的作用如下:

?　代表任意一个字符。

＊　代表任意字符串(0 或多个字符)。

♯　代表单一数字。

[字符表]表示字符表中的单一字符。

[!字符表]指不在字符表中的单一字符。

例如:

Like c＊?:表示以字符 C 开头的字符串。

Like p[b-g]♯♯♯表示以字母 p 开头,后跟 b~g 之间的 1 个字母和 3 个数字的字符串。

Like f?[a-f][!6-10]＊:表示第一个字符为 f,第 2 个为任意字符,第 3 个为 a~f 之间的任一字母,第 4 个为非 6~10 的任意字符,其后为任意字符组成的字符串。

3. 准则中的函数

在查询条件单元格内可以使用函数来构造查询准则。函数的使用方法在第 1 章已作过介绍,请参照第 1 章相关内容。在这里跟大家介绍 sum、avg、count、max、min 5 个统计函数,这 5 个统计函数的功能如表 3-2 所示。

表 3-2　统计函数

函　　数	功　　能	举　　例
SUM([字段名])	返回字符字段的总和	sum([成绩])
AVG([字段名])	返回字段的平均值	avg([成绩])
COUNT([字段名])	统计记录个数	count([成绩])
MAX([字段名])	返回字段最大值	max([成绩])
MIN([字段名])	返回字段的最小值	min([成绩])

4. 准则举例

1) 文本字段条件的设置

对 Access 表中的字段进行查询时经常用到以文本值为查询条件。使用文本值作为条件表达式可以方便地限定文本数据查询的范围,实现一些简单的查询,表 3-3 与表 3-4 是对文本字段建立查询时的准则示例。

表 3-3　使用文本值作为条件的示例

字　　段	条　　件	说　　明
职称	"教授"	职称为教授的
职称	"教授" or "副教授"	职称为教授或副教授的
课程名称	Like "计算机＊"	课程名以计算机开头的
姓名	In("李元","王朋")	姓名为李元与姓名为王朋的
姓名	Not Like "王＊"	不姓王的
姓名	Left([姓名],1)="王"	姓王的
学生编号	Mid([学生编号],3,2)= "03"	学生编号的第 3、4 位为 03 的

2）日期条件的设置

对 Access 表中的字段进行查询时，有时还要采用以计算或处理日期所得到的结果作为查询条准则。使用计算或处理日期结果作为条件表达式，可以方便地限定查询的时间范围。表 3-4 是对日期字段建立查询时的准则示例。

表 3-4 使用处理日期结果作为条件的示例

字　段	准　则	说　明
生产日期	♯1/1/99♯	查询在 1999 年 1 月 1 日生产的产品
生产日期	Between ♯92-01-01♯ And ♯92-12-31♯	显示在两个日期之间所生产的产品
生产日期	<Date()-30	显示 30 天之前所生产的产品
生产日期	Year([生产日期])＝1998	显示 1998 年所生产的产品
生产日期	DatePart("q",[生产日期])＝1	显示第一季度所生产的产品
生产日期	DateSerial(Year([生产日期]),Month([生产日期])＋1,1)－1	显示每个月最后一天所生产的产品
生产日期	Year([生产日期])＝Year(Now()) And Month([生产日期])＝Month(Now())	显示当前年、月所生产的产品

3）设置空字段条件

空字段值分为 Null(空值)和空字符串,在查询时常常会用到它来查看数据库中的某些记录。表 3-5 是使用空字段值建立查询准则的示例。

表 3-5 使用空字段值作为条件的示例

字　段	条　件	说　明
客户地区	Is Null	显示"客户地区"字段为 Null(空白)的客户信息
客户地区	Is Not Null	显示"客户地区"字段包含有值的客户信息
传真	" "	显示没有传真机的客户信息

3.2 创建选择查询

选择查询是最常见的查询类型,它是按照规则从一个或多个表或其他查询中检索数据,并按照所需的排列顺序显示数据。创建选择查询可以使用简单查询向导来创建,也可以使用设计视图直接创建。

3.2.1 利用简单查询向导创建

我们已经学习了使用向导创建数据表,对向导工具的方便性深有体会。同样,使用向导创建查询也是很简单的。

例3-1 请使用向导创建查询,该查询实现从 TIMS_TeacherInfo 表中查询所有教师的全部信息。

操作步骤如下:

(1) 在数据库窗口左边的列表框中选择"查询",并双击"使用向导创建查询"选项,系统会弹出图 3.3 所示的"简单查询向导"对话框。

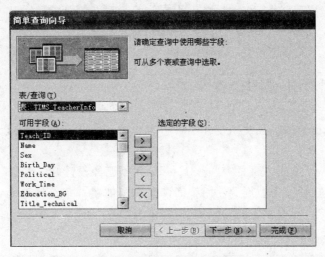

图 3.3 确定要查询的表和字段

(2) 在"表/查询"下拉列表框中选择 TIMS_TeacherInfo 表作查询的对象。

注意:如果选择一个查询,表示对一个查询的结果做更进一步查询。

(3) 在"可用字段"列表框中选择要查询的字段,选择的方法与前面用向导创建表的操作类似。这里单击向右的双箭头按钮,表示全选。单击"下一步"按钮,出现图 3.4 所示的"请为查询指定标题"界面。在此,把标题设为"教师信息查询"。

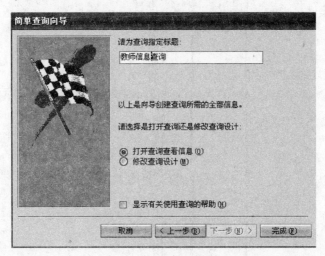

图 3.4 确定查询类型

（4）选择创建结束后的下一步动作。单击"完成"按钮，就可以看到查询的结果了，如图 3.5 所示。

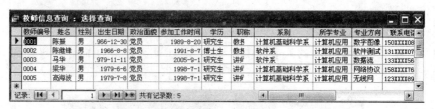

图 3.5　查询的输出结果

3.2.2　使用设计视图创建

为了让大家更快地掌握使用设计视图创建选择查询的方法，在此以一个创建单表查询为例作介绍。

例 3-2　有一个数据库文件 Access1.mdb，里面已经设计好表对象"学生"。如图 3.6 所示。要求以表"学生"为数据源使用查询设计视图创建一个选择查询，查找并显示所有姓李并且年龄大于 25 岁学生的"姓名"、"年龄"和"出生地"三个字段的内容，所建查询命名为 qT1。

编号	姓名	性别	年龄	进校日期	奖励否	出生地
991101	张三	男	30	1999-9-1	☑	江苏苏州
991102	李海亮	男	25	1999-9-2	☐	北京昌平
991103	李光	女	26	1999-9-3	☑	江西南昌
991104	杨林	女	27	1999-9-1	☑	山东青岛
991105	王星	女	26	1999-9-2	☑	北京昌平
991106	冯伟	男	27	1999-9-1	☐	北京顺义
991107	王朋	男	28	1999-9-2	☑	湖北武穴
991108	成功	女	28	1999-9-4	☑	北京大兴
991109	张也	女	25	1999-9-1	☑	湖北武汉
991110	马琦	男	26	1999-9-1	☑	湖北武汉
991111	崔一南	女	28	1999-9-4	☐	北京和平区
991112	文章	女	27	1999-9-1	☑	安徽合肥
991113	李元	女	30	1999-9-1	☐	北京顺义
991114	李成	男	26	1999-9-2	☐	山东东营
991115	陈铖	男	28	1999-9-3	☑	北京和平区

图 3.6　学生表

使用查询设计器创建查询的过程如下：

（1）首先打开数据库 Access1.mdb，然后在数据库窗口中选择"查询"。双击"在设计视图中创建查询"选项。

（2）系统弹出如图 3.7 所示的"显示表"对话框。其中"显示表"对话框中列出了可供查询设计使用的表或查询（由此可知，在 Access 中，可基于查询创建查询）。选择"学生"表，单击"添加"按钮，然后单击"关闭"按钮。此时系统提供如图 3.8 所示的查询设计窗口。该窗口由两大部分组成，一是表/查询显示窗格，位于设计器的上半部分，用于显示查询的数据来源（表或已有查询）。窗格中的表或查询具有可视性，它显示了表或查询中的每一个字段。二是查询设计窗格，位于设计器的下半部分，有用来设计查询字段、字段来源的表、排序规则、是否显示与查询条件 5 行。各行的作用如表 3-6 所示。

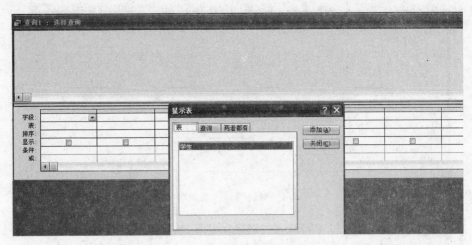

图 3.7 查询设计—添加表

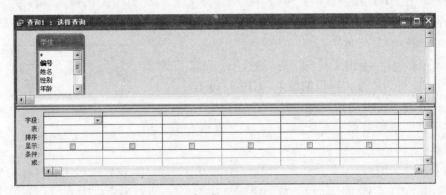

图 3.8 查询设计

表 3-6 查询设计窗格中行的功能

行的名称	作　　用
字段	在此行设置查询的各字段
表	设置字段所在的表或查询的名称
排序	设置查询输出所采用的排序方法
显示	利用复选框确定字段在查询输出时是否显示
条件	输入条件来限定记录的选择
或	用于增加多个值的若干行的第一行,这多个值用于条件的选择

在此窗口中,按照查询的要求,设置好窗格中的行,设置的各行如图 3.9 所示。

注意:在查询设计器中,设置查询的字段有 3 种方法:

- 在表/查询窗格中双击要选择的字段,可以看到网格中显示出刚才选择的字段名。
- 把要选择的字段从表/查询窗格中直接拖到网格中相应的位置。
- 单击网格中的"字段"一行的任意一格,这时会弹出一个下拉列表框,单击下拉箭头,会出现表中的所有字段名,从中选择需要的字段。

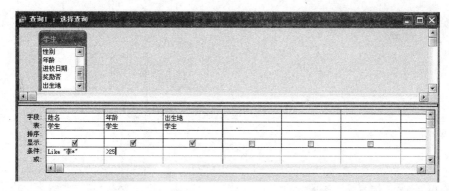

图 3.9　设置的具体查询明细

在查询设计器中,排序包含"升序"、"降序"和"不排序"3 种方式。

在查询设计器中,设置查询的条件时按照 3.1.3 节中介绍的准则设置方法设置条件即可。

(3) 单击工具栏中的"保存"按钮,在弹出的"保存"对话框中为该查询命名为 qT1,单击"保存"按钮保存查询,此时查询的创建已完成,系统返回数据库窗口,在该窗口的查询对象中出现了 qT1 查询对象。

(4) 选择 qT1,单击工具栏中的"运行"按钮，或双击 qT1 对象,即得到该查询运行的结果,如图 3.10 所示。

姓名	年龄	出生地
李光	26	江西南昌
李元	30	北京顺义
李成	26	山东东营
*	0	

图 3.10　查询结果

选择查询不仅可以按照规则从一个表查询数据,也可以从多个表中查询数据。在此,以一个多表查询为例介绍多表选择查询的创建方法。

例 3-3 已知存在一个数据文件 Access2.mdb,里面已经设计好两个表对象 tBand 和 tLine,如图 3.11 与图 3.12 所示,请创建一个选择查询,查找并显示旅游"天数"在 5～10 之间(包括五天和十天)的"团队 ID"、"导游姓名"、"线路名"、"天数"和"费用"等 5 个字段的内容,查询结果按天数升序排序,所建查询命名为 qT2。

团队ID	线路ID	导游姓名	出发时间
A001	001	王方	2000-10-12
A002	001	刘河	2000-11-13
A003	001	王选	2000-11-18
A004	002	王选	2003-1-1
A005	002	吴淞	2003-1-13
A006	002	刘洪	2003-1-30
A007	003	王方	2003-10-1
A008	003	钱游	2003-10-10
A009	004	刘河	2003-12-1
A010	004	吴淞	2003-12-5
A011	005	李丽	2004-2-1
A012	005	王选	2004-2-10
A013	006	孙永	2004-3-2
A014	006	李丽	2004-3-8

图 3.11　tBand 表

线路ID	线路名	天数	费用
001	桂林	7	￥3,000.00
002	上海	1	￥2,000.00
003	香港	5	￥4,000.00
004	韩国	9	￥5,000.00
005	庐山	5	￥3,000.00
006	黄山	8	￥5,000.00

图 3.12　tLine 表

通过观察,该查询的数据来自于 tBand 与 tLine 两个表,其中"团队 ID"与"导游姓名"来自于 tBand 表,"线路名"、"天数"与"费用"来自于 tLine 表。

注意：在 Access 实际应用中,通常会基于多个表设计查询,而且多个表之间常常存在关系,有关创建表间关系的内容请参见 2.3 节相关的内容。

建立该查询的过程如下：

（1）打开 Access2.mdb 数据库，在该数据库的表中可以看到有 tBand 和 tLine 两个表。

（2）在"对象"栏中选择"查询"选项，然后双击"在设计视图中创建查询"选项，打开3.7所示的设计视图。

（3）在"显示表"对话框中依次添加 tBand 与 Line 表，然后单击"关闭"按钮，此时显示如图3.13所示的窗口。

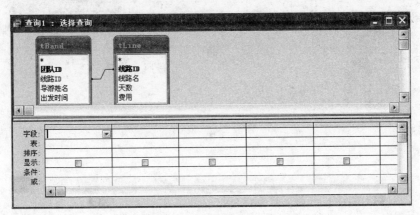

图3.13　查询设计视图初始状态

（4）在窗格中设计好各行，如图3.14所示。

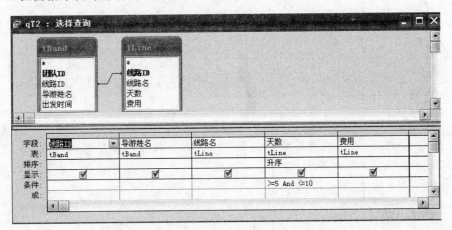

图3.14　查询设计视的结果

（5）单击工具栏中的"运行"按钮，结果如图3.15所示。

（6）单击"关闭"按钮，把查询保存在 qT2 即可。

在前面介绍查询功能时，讲到 Access 可以使用查询来对数据进行计算。在此，也以两个例子来说明。

例 3-4　以例3-2的数据库创建一个选择查询，能够显示 tLine 表的所有字段内容，并添加一个计算字段"优惠后价格"，优惠后价格的计算公式为"费用 * (1-10%)"，所建

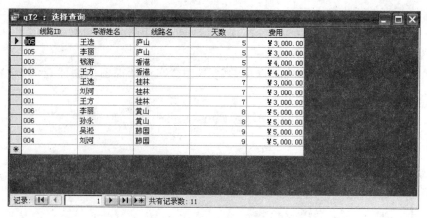

图 3.15　查询的运行结果

查询名为 qT3。

　　该查询也是一个单表查询,操作过程与例 3-1 相似,这里仅介绍如何添加"优惠后价格"字段以及该字段的数据计算方法。如图 3.16 所示。

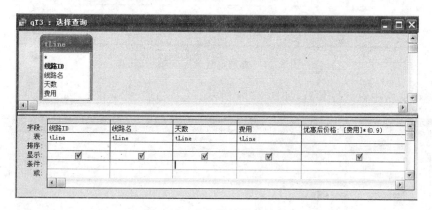

图 3.16　查询设计视的结果

　　注意:字段最后一列"优惠后价格:[费用] ∗ 0.9"的作用包括两层意思,其中"优惠后价格"是查询时显示的列标,"[费用] ∗ 0.9"是用户自定义列标题下面的值的计算方法,"[费用]"是字段名,所以加"[ ]"。

　　执行该查询的显示结果,如图 3.17 所示。从图中可以看出,显示的数据最后 1 列为优惠后的价格,在该列下面按照计算公式列出了具体优惠后的价格。

线路ID	线路名	天数	费用	优惠后价格
001	桂林	7	¥3,000.00	2700
002	上海	1	¥2,000.00	1800
003	香港	5	¥4,000.00	3600
004	韩国	9	¥5,000.00	4500
005	庐山	5	¥3,000.00	2700
006	黄山	8	¥5,000.00	4500

图 3.17　查询的运行结果

　　注意:自定义计算可以对一个或多个字段的数据进行数值、日期和文本计算。

例 3-5 已知一个数据库文件 Access3.mdb，里面已经设计好表对象 tEmployee 与 tSell 两个表，如图 3.18 与图 3.19 所示。创建一个统计查询，统计每名雇员的售书量，并将显示的字段名设为"姓名"和"总数量"，所建查询名为 qT4。

雇员ID	姓名	性别	出生日期	职务	简历	联系电话
1	王宁	女	1960-1-1	经理	1984-7大学毕业，曾作过销售员	65976450
2	李清	男	1962-7-1	职员	1986年大学毕业，现为销售员	65976451
3	王创	男	1970-1-1	职员	1993年专科毕业，现为销售员	65976452
4	郑炎	女	1978-6-1	职员	1999年大学毕业，现为销售员	65976453
5	魏小红	女	1934-11-1	职员	1956年专科毕业，现为管理员	65976454

图 3.18　tEmployee 表

ID	雇员ID	图书ID	数量	售出日期
1	1	1	23	1999-1-4
2	1	1	45	1999-2-4
3	2	2	65	1999-1-5
4	3	3	12	1999-3-1
5	2	4	1	1999-3-4
6	1	5	45	1999-2-1
7	5	6	78	1999-1-1
8	3	1	47	1999-2-3
9	3	7	5	1999-2-1
10	1	8	41	1999-8-1

图 3.19　tSell 表的部分数据

该查询的创建过程与前面的例题相似，选择 tEmployee 和 tSell 表，设计好窗格的各行，如图 3.20 所示。

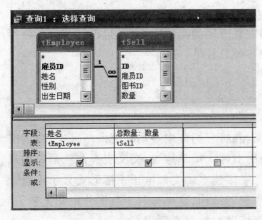

图 3.20　查询的设计

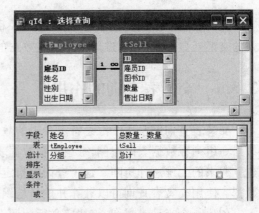

图 3.21　查询设计的结果

选择窗格中的"姓名"字段，再单击工具栏中的"总计"按钮 **Σ**（或右击，选择快捷菜单中的"总计"），然后在窗格的姓名列的总计中选择"分组"，在"总数量:数量"列的"总计"行中选择"总计"，最后以 qT4 保存查询。设计结果如图 3.21 所示。运行查询的结果如图 3.22 所示。

姓名	总数量
李清	119
王创	148
王宁	166
魏小红	119

图 3.22　查询运行的结果

注意：总计是系统提供的用于对查询中的记录组或全部记录进行的计算，包括的计算方法有总计、平均值、数量、最小值、最大值、标准偏差或方差等。它们的用途与支持的数据类型如表 3-7 所示。

表 3-7 总计行中各计算方法的含义

选 项	用 途	支持数据类型
总计	计算字段中所有记录值的总和	数字型、日期/时间、货币型和自动编号型
平均值	计算字段中所有记录值的平均值	数字型、日期/时间、货币型和自动编号型
最小值	取字段的最小值	文本型、数字型、日期/时间、货币型和自动编号型
最大值	取字段的最大值	文本型、数字型、日期/时间、货币型和自动编号型
计数	计算字段非空值的数量	文本型、备注型、数字型、日期/时间、货币型、自动编号型、是/否型和 OLE 对象
标准差	计算字段记录值的标准偏差值	数字型、日期/时间、货币型和自动编号型
方差	计算字段记录值的总体方差值	数字型、日期/时间、货币型和自动编号型
首项记录	找出表或查询中第一条记录的该字段值	文本型、备注型、数字型、日期/时间、货币型、自动编号型、是/否型和 OLE 对象
末项记录	找出表或查询中最后一条记录的该字段值	文本型、备注型、数字型、日期/时间、货币型、自动编号型、是/否型和 OLE 对象

3.3 创建交叉表查询

交叉表实际上就是一个矩阵表,在水平和垂直方向列出所需查询的数据标题,在行与列的交汇处显示数据值,进而给出这些数据的各种总计值。

3.3.1 交叉表查询的作用

交叉表查询最常用于汇总特定表中的数据,并将它们分组显示在查询结果中,查询的结果一组列在数据表的左侧,一组列在数据表的上部。简单地说,交叉表查询就是由用户建立起来的二维总计矩阵。这个查询由指定的字段建立了类似电子表格形式显示出总计数据。使用交叉表查询可以计算并重新组织数据的结构,这样有利于数据分析和比较。

创建一个交叉表查询,需要定义行标题、列标题与值 3 个要素。

(1)行标题。行标题显示在动态集中的第一列,位于数据表的最左边,它把与某一字段或记录相关的数据放入指定的一行中。

(2)列标题。列标题包含有所需显示的值的字段,位于数据表的顶端,它对每一列指定的字段或表进行统计,并把结果放入该列中。

(3)值。值是用户选择在交叉表中显示的数据。用户需要为该值字段指定一个总计类型,即这个数据可以是 Sum、Avg、Max、Min 和 Count 等总计函数,或者是一个经过表达式计算得到的值。

注意:对于交叉表查询,用户只能指定一个总计类型的字段。

3.3.2　创建交叉表查询

前面已经了解了交叉表查询的基本知识,现在我们来介绍创建交叉表查询的方法。创建交叉表的方法同样可以采用创建交叉表查询向导,也可以采用设计视图。在此仅介绍查询设计器设计交叉表查询的方法,对于用向导创建读者可以按照向导的提示去创建就可以了。

例 3-6 已知一个数据库 Access4.mdb,里面已经设计好 1 个表对象 tStock,如图 3-23 所示。请创建一个交叉表查询,统计并显示每种产品不同规格的平均单价,显示行标题为产品名称,列标题为规格,计算字段为单价,所建查询名为 qT5。

注意:交叉表查询不做各行小计。

产品代码	产品名称	规格	单价	库存数量
101001	灯泡	220V-15W	0.8	78540
101002	灯泡	220V-45W	1.1	221
101003	灯泡	220V-60W	1.2	4522
101004	灯泡	220V-100W	1.2	4522
101005	灯泡	220V-150W	2.5	1522
201001	节能灯	220V-4W	6	1212
201002	节能灯	220V-8W	8	2452
201003	节能灯	220V-16W	14	1122
301001	日光灯	220V-8W	6	52360
301002	日光灯	220V-20W	7	25
301003	日光灯	220V-30W	9	2253
301004	日光灯	220V-40W	10	1227

图 3.23　tStock 表

操作过程如下:

(1) 选择数据库窗口的"查询"选项卡,然后单击"新建"按钮。在"新建查询"对话框中单击选中"设计视图",然后单击"确定"按钮。

(2) 在"显示表"对话框中,双击选取要处理的查询数据对象 tStock,再单击"确定"按钮。

(3) 选择"查询"→"交叉表查询"命令(或右击,选择查询类型中的"交叉表查询"命令),如图 3.24 所示。

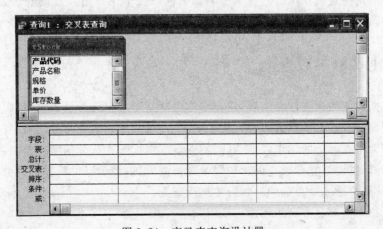

图 3.24　交叉表查询设计器

（4）在第一列的字段行中选择"产品名称"，在"交叉表"行中选择"行标题"；在第二列的字段行中选择"规格"字段，在"交叉表"行中选择"列标题"；在第三列的字段行中选择"单价"字段，在"交叉表"行中选择"值"，并在"总计"中选择"平均值"，如图 3.25 所示。

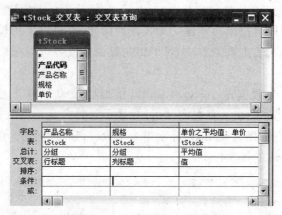

图 3.25　交叉表查询设计结果

（5）单击工具栏中的"运行"按钮，结果如图 3.26 所示。

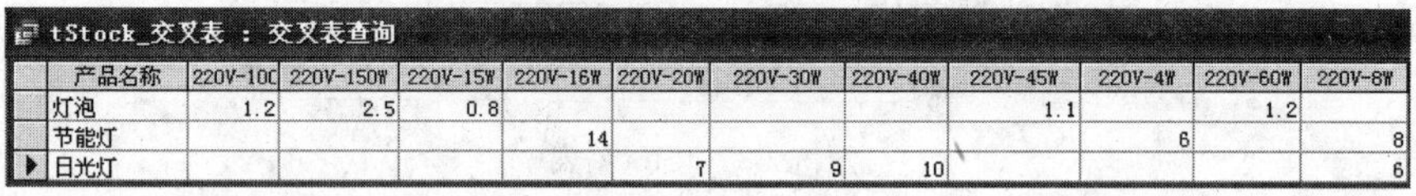

产品名称	220V-100	220V-150W	220V-15W	220V-16W	220V-20W	220V-30W	220V-40W	220V-45W	220V-4W	220V-60W	220V-8W
灯泡	1.2	2.5	0.8					1.1		1.2	
节能灯				14					6		8
日光灯					7	9	10				6

图 3.26　交叉查询结果

（6）关闭查询窗口，把查询保存为 qT5 即可。

3.4　创建参数查询

参数查询是指查询在执行时显示一个对话框以提示用户输入查询的信息，参数查询并不是一种独立的查询，只是在其他查询的基础上设置了可变化的参数。

3.4.1　建立单参数查询

在对数据库的数据进行查询时，用户常常会对某个字段进行反复查询，而且在每次查询时可能需要更改查询的具体内容。例如，有一个班级成绩表中有总成绩字段，有时用户要查询成绩大于 500 分的学生数据，有时要查询成绩大于 400 分的学生数据，为了满足这类查询的需要，需要建立参数查询。利用参数查询，可以显示一个或多个提示输入条件的对话框，等待用户输入完查询的参数后才执行查询。

下面介绍单个参数查询的创建与使用方法。

例 3-7　已知一个数据库文件 Access5.mdb 中有一产品表，如图 3.27 所示。设计一个查询能查找具有相同产品类型的所有产品的名称、供应商及价格。要求查询之前可以更改产品的类别,对不同的产品类型进行查询。

产品ID	产品名称	供应商	类别	单位数量	单价	库存量	订购量	再订购量	中止
1	苹果汁	佳佳乐	饮料	每箱24瓶	¥18.00	39	0	10	☑
2	牛奶	佳佳乐	饮料	每箱24瓶	¥19.00	17	40	25	☐
3	蕃茄酱	佳佳乐	调味品	每箱12瓶	¥10.00	13	70	25	☐
4	盐	康富食品	调味品	每箱12瓶	¥22.00	53	0	0	☐

图 3.27 产品表

操作过程与选择查询创建过程一致。查询设计界面如图 3.28 所示。不同点为"类别名称"字段的条件为"[输入产品类别的名称:]"。

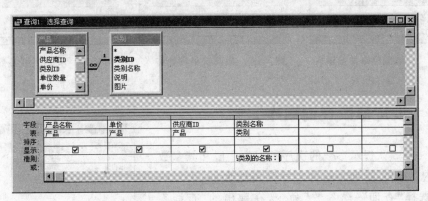

图 3.28 设计视图

执行查询时,首先弹出一个查询的参数输入对话框,如图 3.29 所示,查询提示用户输入产品的类别名称,然后输入查询类别,单击"确定"按钮,得到查询结果。

应该说,Access 的参数查询是建立在选择查询或交叉表查询的基础之上的,是在运行选择查询或交叉表查询之前,为用户提供了一个设置条件的参数对话框,可以方便地更改查询的限制或对象。

图 3.29 输入查询参数

3.4.2 建立多参数查询

在 Access 中,用户不仅可以建立单个参数的查询,而且还可以建立多参数查询。多参数查询就是为查询建立多个条件提示的查询。

例 3-8 在例 3-6 的基础上,只查询产品价格在一定范围之间的产品类别,价格范围在查询之前由用户输入。

操作过程与例 3-6 相似,创建的查询界面如图 3.30 所示。从图中可以看出,在"单价"字段列的条件中输入了"Between [最低价格为:] And [最高价格为:]"。

执行查询查看查询的结果,按字段条件先后依次弹出如图 3.31 至图 3.33 所示的输入框,用户输入一系列参数后得到查询结果。

图 3.30　查询设计界面

图 3.31　最低价格参数输入　　　图 3.32　最高价格参数输入　　　图 3.33　类别名称参数输入

3.4.3　设定参数查询顺序

　　Access 默认提示参数的次序是根据字段和其参数的位置从左到右排列。这种顺序是可改变的,可变的方法是选择"查询"→"参数"命令,在弹出的"查询参数"对话框(如图 3.34 所示)中设定参数对话框的弹出顺序。

　　在"查询参数"对话框中,指定参数查询字段的数据类型。Access 共有 13 种查询参数数据类型,可以分为表字段、数字、常规和二进制 4 类,具体数据类型如表 3-8 所示。

图 3.34　"查询参数"对话框

表 3-8　参数查询字段数据类型

类别	数 据 类 型
表字段	Currency、Date/Time、Memo、OLE Object、Text 和 Yes/No,对应于表字段中相同的数据类型
数字	Byte、Single、Double、Integer、Long Integer 和 Replication ID,对应于表字段中 Number 数据类型,其 FieldSize 属性的 6 种设置
常规	其值为常规数据类型,可以接受任何类型的数据
二进制	虽然 Access 不能识别,但是仍然可以在参数查询中使用 Binary 数据类型,直接链接到可以识别它的表中

　　注意:在交叉表查询或者基于交叉表查询的图表的参数查询中,必须指定查询参数的数据类型。

　　当指定参数顺序时,必须在"查询参数"对话框中指定每个参数正确的数据类型,否则 Access 将会报告数据类型不匹配的错误。

3.5　创建操作查询

操作查询是 Access 查询的一个重要组成部分。我们前面介绍的选择查询、交叉表查询与参数查询都从数据库的表或查询中查询数据,而操作查询是根据用户的需要对数据库进行一定的操作。操作查询包括删除查询、追加查询、更新查询与生成表查询 4 种。

3.5.1　删除查询

运行删除查询可以从一个或多个表中删除一组记录。例如,可以使用删除查询来删除所有毕业学生的记录。使用删除查询,通常会删除整个记录,而不只是记录中所选择的字段。

1. 删除查询注意要点

在使用删除查询之前,须注意如下几个方面:

(1) 随时备份数据。如果不小心删除了数据,可以从备份的数据中取回它们。

(2) 使用删除查询删除了记录之后,将不能撤销这个操作,因此,在执行删除查询之前,应该预览即将删除的数据。

(3) 在某些情况下,执行删除查询可能会同时删除关联表中的记录,即使它们并不包含在此查询中。当查询只包含一对多关系中的"1"端的表,并且允许对这些关系使用连锁删除时就可能发生这种情况。在"1"端的表中删除记录,同时也删除了"n(多)"端的表中的记录。

2. 删除查询的创建过程

例 3-9　已知数据库文件 Access6.mdb 包含表对象"学生",如图 3.6 所示。请使用查询设计视图创建一个删除查询,删除"学生"表中性别为"男"的记录。

创建该删操查询的过程如下:

(1) 新建查询,选择删除查询所需的数据对象。在本示例中选择数据库中的"学生"表作为删除查询数据对象。

(2) 在查询设计视图中,可以单击工具栏中"查询类型"按钮 旁边的下箭头,然后再单击"删除查询"选项 。这时设计视图的标题栏会由"选择查询"转变为"删除查询"。设计网格也会发生相应的变化,"排序"和"显示"行消失,出现"删除"行。

(3) 从字段列表将要更新及指定条件的字段拖动到查询设计网格中。在本示例中添加"性别"字段。

(4) 在"性别"字段的"条件"单元格中指定条件"男"。本示例创建的删除查询的设计如图 3.35 所示。

(5) 如果要查看将要删除的记录列表,单击工具栏中的"数据表"按钮 。可以看到

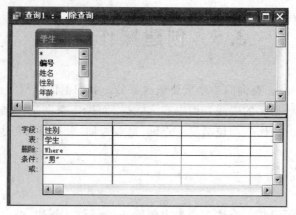

图 3.35　删除查询的设计

在生成的动态集中显示了将要进行删除的有关数据。如果要返回查询设计视图,再单击工具栏中的"视图"按钮，在设计视图中,可以根据需要进一步更改。

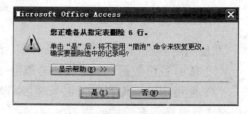

图 3.36　删除查询的提示

(6)如果确定要删除表中数据,则单击工具栏中的"运行"按钮。Access 会给出提示,如图 3.36 所示,提醒用户将删除原表中的部分数据,因为此删除操作不可恢复。

按照上述操作过程删除表中数据时,如果数据表处于打开状态,则在执行完删除操作之后会看到表中性别为"男"的记录已删除,如图 3.37 所示。

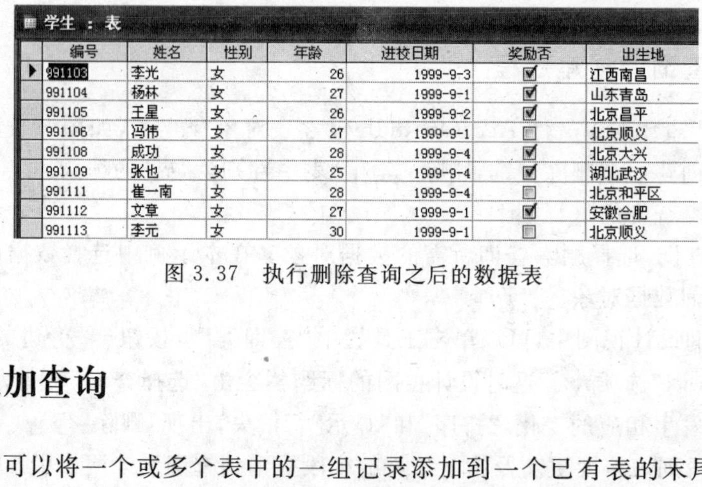

编号	姓名	性别	年龄	进校日期	奖励否	出生地
▶ 991103	李光	女	26	1999-9-3	☑	江西南昌
991104	杨林	女	27	1999-9-1	☑	山东青岛
991105	王星	女	26	1999-9-2	☑	北京昌平
991106	冯伟	女	27	1999-9-1	☐	北京顺义
991108	成功	女	28	1999-9-4	☑	北京大兴
991109	张也	女	25	1999-9-4	☑	湖北武汉
991111	崔一南	女	28	1999-9-4	☐	北京和平区
991112	文章	女	27	1999-9-1	☑	安徽合肥
991113	李元	女	30	1999-9-1	☐	北京顺义

图 3.37　执行删除查询之后的数据表

3.5.2　追加查询

追加查询可以将一个或多个表中的一组记录添加到一个已有表的末尾,这个表可以是同一个数据库或其他 Access 数据库的表。当然,追加查询并不是向其他数据库中添加数据记录的最好的方法,因为利用"编辑"菜单中的"复制"和"粘贴"命令可以实现数据记录的添加。但追加查询的好处是能将一个表中的数据按照一定的条件向其他表中添加。

下面介绍如何创建一个追加查询把一个表中的记录追加到另一个表中。

例 3-10 已知一个数据库文件 Access7.mdb,里面已设计好表对象 tStud 与一个空表 tTemp,如图 3.38 与图 3.39 所示。请创建一个追加查询,将表对象 tStud 中"学号"、"姓名"、"性别"和"年龄"4 个字段的内容加到目标表 tTemp 中。

学号	姓名	性别	年龄	所属院系	入校时间
000001	李四	男	24	04	1997-3-5
000002	张红	女	23	04	1998-2-6
000003	程鑫	男	20	03	1999-1-3
000004	刘红兵	男	25	03	1996-6-9
000005	钟舒	女	31	02	1995-8-4
000006	江滨	女	30	04	1997-6-5
000007	王建钢	男	19	01	2000-1-5
000008	璐娜	女	19	04	2001-2-14
000009	李小红	女	23	03	2001-3-14
000010	梦娜	女	22	02	2001-3-14

图 3.38 tStud 表

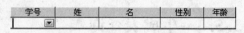

学号	姓	名	性别	年龄

图 3.39 tTemp 表

创建该追加查询的过程如下:

(1) 新建查询,选择追加查询所需的数据对象。本示例选择数据库中的 tStud 表作为追加查询数据对象。

(2) 在查询设计视图中,可以选择"查询"→"追加查询"命令,此时弹出一个对话框,完成如图 3.40 所示的设置,单击"确定"按钮。

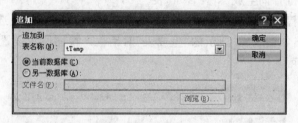

图·3.40 追加对话框

(3) 按如图 3.41 所示的网格设计好各行。

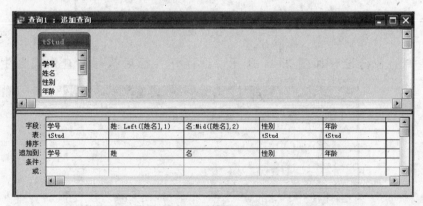

图 3.41 追加查询设计界面与各行设计

(4) 如果确定要实现追加查询,则单击工具栏中的"运行"按钮 ! 。Access 会给出提示。单击提示中的"确定"按钮,追加操作就能实现。图 3.42 所示是执行追加查询后的 tTemp 表的部分数据。

学号	姓	名	性别	年龄
000001	李	四	男	24
000002	张	红	女	23
000003	程	鑫	男	20
000004	刘	红兵	男	25
000005	钟	舒	女	31
000006	江	滨	女	30
000007	王	建钢	男	19
000008	璐	娜	女	19
000009	李	小红	女	23

图 3.42 执行追加查询后的 tTemp 表的部分数据

3.5.3 生成表查询

生成表查询可以根据一个或多个表中的全部或部分数据来新建表。生成表查询有助于创建表以导出到其他数据库中。究其实质来说,生成表查询就是将查询的结果保存到一个新表之中。

例 3-11 已知一个数据库文件 Access8.mdb,里面已设计好表对象 tStud。如图 3.38 所示。创建一个生成表查询,把 tStud 表中"学号"、"姓名"、"性别"和"年龄"4 个字段的全部内容进行查询生成 NewtStud 表。

实现该操作过程与例 3-9 相似。只是在查询设计界面设计前要选择"查询"→"生成表"命令。此时弹出如图 3.43 所示的"生成表"对话框。按图所示设置好生成的表名以及表所在的数据库即可。

图 3.43 "生成表"对话框

该查询的各行设置如图 3.44 所示。设计好各行后执行该查询就会生成一个

图 3.44 生成表查询各行设计

NewtStud 表,该表中存放着上述查询的数据。

注意: 新建表中的数据并不会继承原始表中字段的属性或主键的设置。

3.5.4 更新查询

通过更新查询可以对一个或多个表中的一组记录做更改。例如,可以将学生成绩表中所有学生的语文成绩提高 10 个百分点,或将职工工资表中某一工作类别的人员的工资提高 5 个百分点。

例 3-12 已知一个数据库文件 Access9. mdb,里面已经设计好表对象 tWork,如图 3.45 所示,创建一个更新查询,将所有记录的"经费"字段值增加 2000 元。

项目ID	项目名称	项目来源	经费
10001	北京市人口变动分析	国家社科基金	20000
10002	北京市商业网点分布研究	北京市社科基金	10000
10003	北京市人口出生率与死亡率变动	北京市社科基金	5000
10004	奥运会北京市经济发展	国家社科基金	30000

图 3.45 tWork 表

要实现该操作要先建立一个更新查询,然后运行该查询即可完成对表中数据的修改。操作过程如下:

(1) 新建查询,选择更新查询所需的数据对象。本示例选择数据库中的 tWork 表作为查询数据对象。

(2) 在查询设计视图中,可以单击工具栏中的"查询类型"按钮 圖 旁边的下箭头,然后再单击"更新查询"选项 。这时设计视图的标题栏会由"选择查询"转变为"更新查询"。同时设计网格也会发生相应的变化:"排序"和"显示"行消失,出现"更新到"行。

(3) 从字段列表将要更新及指定条件的字段拖动到查询设计网格中。本示例中添加"经费"。

(4) 在要更新字段的"更新到"单元格中输入用来改变这个字段的表达式或数值。在本示例中,在"经费"字段的"更新到"单元格中输入"[经费]+2000"。本示例创建的更新查询的设计如图 3.46 所示。

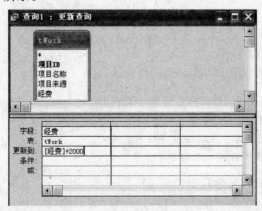

图 3.46 更新查询设计器各行

(5) 如果确定要创建更新表,可单击工具栏中的"运行"按钮 ！ 查看结果。

3.6 SQL 查询

SQL 是结构化查询语言(Structured Query Language)的缩写。由于 SQL 语言结构简洁,功能强大,简单易学而得到了广泛的应用,目前,几乎所有的数据库都支持 SQL 语言,Access 数据库也同样支持 SQL。

SQL 语言由数据定义语言、数据操纵语言、数据查询语言和数据控制语言 4 部分组成,其中数据查询是 SQL 非常重要的组成部分。

3.6.1 结构化查询语句

Access 可以直接使用 SQL 结构化查询语句来建立复杂而功能强大的查询。在 Access 中,用户在设计视图中创建查询时,Access 将在后台构造等效的 SQL 命令。如果用户想直接使用 SELECT 语句来构建查询,只需在查询设计器界面状态下单击工具栏中的"视图方式"列表中的 SQL 视图,此时系统就弹出如图 3.47 所示的 SQL 视图。用户可直接在该视图中编写 SQL 语句来构建查询。

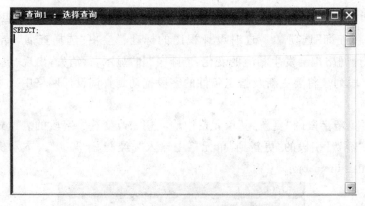

图 3.47　SQL 视图

结构化查询命令为 SELECT,其语法结构为:

```
SELECT [ALL|DISTINCT]<目标列名 1>,<目标列名 2>,… FROM<表名 1>,<表名 2>
    [WHERE<条件表达式>]
    [GROUP BY<分组列名>[HAVING<条件表达式>]]
    [ORDER BY<排序列名>[ASC|DESC]]
```

语句中各关键词的含义为:

ALL(默认):返回全部记录。

DISTINCT:略去选定字段中重复值的记录。

FROM：指明字段的来源，即数据源表或查询。

WHERE：定义查询条件。

GROUP BY：指明分组字段，HAVING 指明分组条件。

ORDER BY：指明排序字段，ASC|DESC 指明排序方式，ASC 为升序，DESC 为降序。

例 3-13 已知图 3.48 所示的 student 表，请书写出实现下列查询的 SQL 语句。

学号	姓名	性别	出生年月	少数民族否	籍贯	入学成绩	简历	照片
009901	张小强	男	05/04/84	F	株洲	556.0	Memo	Gen
009902	陈斌	男	12/12/83	F	长沙	457.0	memo	gen
009903	李哲	男	06/12/84	F	长沙	474.0	memo	gen
009904	赵大明	男	02/16/84	F	常德	500.0	memo	gen
009905	冯姗	女	03/09/84	T	邵阳	543.5	Memo	gen
009906	张青松	男	10/18/84	F	怀化	501.0	memo	Gen
009907	封小莉	女	09/05/84	F	株洲	480.0	memo	gen
009908	周晓	女	12/28/84	F	常德	498.0	memo	gen
009909	钱倩	女	05/08/83	F	郴州	478.0	Memo	gen
009910	孙力军	男	06/08/82	F	永州	511.0	memo	gen
009911	肖彬彬	男	07/15/84	F	湘潭	488.0	memo	gen
009912	陈雪	女	08/18/84	F	长沙	492.0	memo	gen

图 3.48　student 表

（1）列出全部学生的信息。

（2）列出全部学生的姓名和年龄，去掉重名。

（3）列出入学成绩在 560 分以上的学生记录，入学成绩降序排序。

（4）列出入学成绩在 560~650 分之间的学生名单。

（5）列出所有入学成绩为空值的学生学号和姓名。

具体的 SQL 语句为：

① SELECT * FROM student

② SELECT DISTINCT 姓名,YEAR(DATE())-YEAR(出生年月)AS 年龄 FROM student

③ SELECT * FROM student WHERE 入学成绩>560 ORDER BY 入学成绩 DESC

④ SELECT 姓名,入学成绩 FROM student WHERE 入学成绩>=560 AND 入学成绩<=650

⑤ SELECT 学号,姓名 FROM student WHERE 入学成绩 IS NULL

例 3-14 从教师表中查找 1992 年参加工作的男教师，并显示姓名、性别、工作时间、职称 4 个字段，且按工作时间的升序排序。

实现该查询的语句为：

SELECT 姓名,性别,工作时间,职称

FROM 教师

WHERE (性别="男")AND(Year(工作时间)=1992))

ORDER BY 工作时间;

如果使用查询设计器创建该查询网格的设计，如图 3.49 所示，请读者把该 SELECT 语句与设计视图进行对比，找出它们之间的联系。

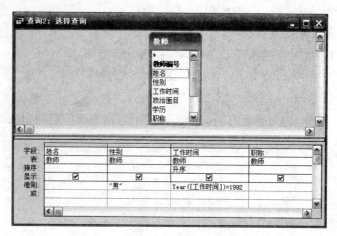

图 3.49　SQL 语句对应的设计视图

3.6.2　数据定义语句

关于数据定义语句,在此介绍 CREATE、DROP、UPDATE 与 DELETE 命令。

1. CREATE 命令

CREATE 命令用来创建表,其命令格式为:

CREATE TABLE <表名> (<列名 1><数据类型> [列完整性约束条件],
<列名 2><数据类型> [列完整性约束条件],
…) [表完整性约束条件];

例 3-15　创建一个学生表,字段包括学生 ID、姓名、性别、出生日期、家庭住址、联系电话与备注等字段,并将学生指定为主键的索引。

具体的 SQL 语句为:

```
CREATE TABLE 学生
    ([学生 ID] integer,
    [姓名] text,
    [性别] text,
    [出生日期] date,
    [家庭住址] text,
    [联系电话] text,
    [备注] memo,
    CONSTRAINT [Index1] PRIMARY KEY ([学生 ID]));
```

2. DROP 命令

DROP 命令用来删除表。其命令格式为:

```
DROP TABLE <表名>;
```

例 3-16 删除教师信息表。

```
DROP TABLE 教师信息;
```

3. UPDATE 命令

通过该命令可以修改数据表中的数据。其命令格式为：

```
UPDATE <表名>SET <字段名 1>=<表达式 1>[,<字段名 2>=<表达式 2>…]
[WHERE <条件>];
```

例 3-17 修改公共选修课表中的数据,将课程"中国武术"改为"中国散打武术"。

```
UPDATE 公共选修课 SET kc="中国散打武术" WHERE kc="中国武术";
```

4. DELETE 命令

通过该命令可以删除数据表中的数据。其命令格式为：

```
DELETE FROM <表名>[WHERE <条件>];
```

例 3-18 请从仓库表中删除仓库号为 WH2 的记录。

```
DELETE FROM 仓库 WHERE 仓库号="WH2"
```

3.6.3 创建 SQL 查询

在 Access 中,有一些 SQL 查询,只能在 SQL 视图中创建,这些查询称为特定查询。特定查询包括联合查询、传递查询、数据定义查询和子查询 4 类。

1. 联合查询

联合查询可使用 UNION 运算符来合并两个或更多选择查询结果。该查询能把两个或多个含有相同信息的独立表联合为一个列表。创建联合查询的操作过程如下:
(1) 在数据库窗口中,单击"查询"选项,然后单击"新建"按钮。
(2) 在"新建查询"对话框中,选取"设计视图"选项,然后单击"确定"按钮。
(3) 直接单击"显示表"对话框内的"关闭"按钮。
(4) 选择"查询"→"SQL 特定查询"→"联合"命令,打开 SQL 视图,在该视图中直接输入联合查询语句。
联合查询语句的格式为:

```
SELECT * FROM 表或查询 UNION SELECT * FROM 表或查询
```

注意:每个 SELECT 语句所选取的字段个数必须相同,并以相同的顺序出现,当然相应的字段还必须有兼容型数据类型。
例 3-19 已知一个学生成绩表,已经建了学生成绩小于 80 分的查询与 90 分以上学生成绩查询的 2 个查询。

```
SELECT 学生编号,姓名,成绩 FROM 学生成绩查询 WHERE 成绩<80
UNION
SELECT 学生编号,姓名,成绩 FROM 90 分以上学生成绩查询
```

实现了学生成绩小于 80 分与成绩≥90 的学生记录的合并。

2. 传递查询

这种类型的查询是直接将 SQL 语句发送到 ODBC 数据库服务器(如 Microsoft SQL 服务器),从而对其他数据库进行操作。例如,可以使用传递查询来检索记录或更改数据。

操作过程如下:

(1) 在数据库窗口中单击"查询"选项,然后单击"新建"按钮。

(2) 在"新建查询"对话框中单击"设计视图"选项,然后单击"确定"按钮。

(3) 直接在"显示表"对话框内单击"关闭"按钮。

(4) 选择"查询"→"SQL 特定查询"→"传递"命令,会在窗口中出现一个"SQL 传递查询"窗口。

(5) 单击工具栏中的"属性"按钮,系统弹出如图 3.50 所示的"查询属性"对话框。

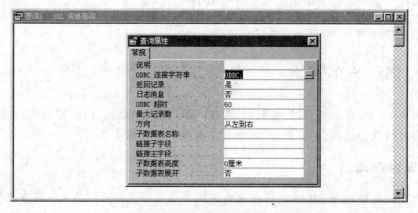

图 3.50   查询属性对话框

(6) 在"查询属性"对话框中设置"ODBC 连接字符串"属性来指定要连接的数据库信息。可以输入连接信息,或单击框右侧的"生成器"按钮，出现如图 3.51 所示的向导,根据向导的提示输入要连接的服务器信息。

(7) 根据需要设置"查询属性"表中的其他属性。

(8) 在"SQL 传递查询"窗口中输入传递查询。

(9) 如果要执行查询,可在工具栏中单击"运行"按钮(对于返回记录的传递查询,可以在工具栏中单击"视图"按钮来代之)。

如果在传递查询的"ODBC 连接字符串"属性中没有指定连接串,或者删除了已有字符串,Access 将使用默认字符串 ODBC。使用此设置时,Access 将在每次执行查询时提示连接信息。

Access 数据库技术与应用

图 3.51　选择数据源对话框

　　某些传递查询除了返回消息外还会返回数据。如果将查询的"日记消息"属性设置为"是"，Access 将创建一个包含任何返回消息的表。表名称就是用户名加连字符(-)再加一个从 00 开始的有序数字。例如，如果默认用户名为 ADMIN，则返回的表将命名为ADMIN-00、ADMIN-01 等。

　　如果创建了能返回多组结果数据集的传递查询，可以为每个结果创建一个单独的表。传递查询对于执行 ODBC 服务器中的存储过程是很有用的。

3. 数据定义查询

　　利用数据定义语句，来创建或更改数据库中的表对象。

　　数据定义查询创建的操作过程如下：

　　(1) 在数据库窗口中单击"查询"选项，然后单击"新建"按钮。

　　(2) 在"新建查询"对话框中单击"设计视图"选项，然后单击"确定"按钮。

　　(3) 直接在"显示表"对话框内单击"关闭"按钮。

　　(4) 选择"查询"→"SQL 特定查询"→"数据定义"命令，会在窗口中出现一个"SQL数据定义"窗口。

　　(5) 在 SQL 数据定义窗口中输入数据定义语句，然后运行查询就能实现相应的功能。

　　例如在数据定义窗口中输入如下语句：

```
CREATE TABLE 学生
    ([学生 ID] integer,
    [姓名] text,
    [性别] text,
    [出生日期] date,
    [家庭住址] text,
    [联系电话] text,
    [备注] memo,
    CONSTRAINT [Index1] PRIMARY KEY ([学生 ID]));
```

执行该查询时,在数据库中创建学生表。

4. 子查询

这种类型的查询包含了另一个选择查询或操作查询中的 SELECT 语句。用户可以在查询设计网格的"字段"行输入这些语句来定义新字段,或在"条件"行来定义字段的条件。

小　结

- 查询是对数据表或查询进行数据查询的一个对象,在 Access 中,可以对单个表中的数据进行查询,也可以对多表进行查询。
- 查询功能非常强大,不仅可查询数据,还可对数据进行排序,执行计算,生成表等功能。
- 查询条件被称为查询准则。它是运算符、常量、字段值、函数、字段名和属性等的任意组合。
- 查询可分为选择查询、参数查询、交叉表查询、操作查询和 SQL 查询。
- 操作查询可分为删除查询、更新查询、追加查询和生成表查询。
- SQL 是结构化查询语言(Structured Query Language)的缩写。Access 数据库也同样支持 SQL。
- SQL 查询包括联合查询、传递查询、数据定义查询和子查询 4 类。

习　题　3

1. 单选题

(1) 以下关于查询的叙述正确的是_____。

    A. 只能根据数据库表创建查询

    B. 只能根据已建查询创建查询

    C. 可以根据数据库表和已建查询创建查询

    D. 不能根据已建查询创建查询

(2) 将 A 表的记录添加到 B 表中,要求保持 B 表中原有的记录,可以使用的查询是_____。

    A. 选择查询   B. 生成表查询   C. 追加查询   D. 更新查询

(3) 在 Access 中,查询的数据源可以是_____。

    A. 表   B. 查询   C. 表和查询   D. 表、查询和报表

(4) 如果在数据库中已有同名的表,要通过查询覆盖原来的表,应该使用的查询类型

是_____。

    A. 删除   B. 追加   C. 生成表   D. 更新

（5）在 Access 数据库中使用向导创建查询，其数据可以来自_____。

    A. 多个表   B. 一个表   C. 一个表的一部分 D. 表或查询

（6）在显示查询结果时，如果要将数据表中的"籍贯"字段名显示为"出生地"，可在查询设计视图中改动_____。

    A. 排序   B. 字段   C. 条件   D. 显示

（7）在数据库中，建立索引的主要作用是_____。

    A. 节省存储空间   B. 提高查询速度   C. 便于管理   D. 防止数据丢失

（8）在 Access 数据库对象中，体现数据库设计目的的对象是_____。

    A. 报表   B. 模块   C. 查询   D. 表

（9）以下不属于操作查询的是_____。

    A. 交叉表查询   B. 更新查询   C. 删除查询   D. 生成表查询

（10）将 A 表的记录复制到 B 表中，且不删除 B 表中的记录，可以使用的查询是_____。

    A. 删除查询   B. 生成表查询   C. 追加查询   D. 交叉表查询

（11）"查询"设计视图窗口分为上下两部分，上部分为_____。

    A. 设计网格   B. 字段列表   C. 属性窗口   D. 查询记录

（12）要修改表中的一些数据，应该使用_____。

    A. 生成表查询   B. 删除查询   C. 更新查询   D. 追加查询

（13）以下叙述中，_____是错误的。

    A. 查询是从数据库的表中筛选出符合条件的记录，构成一个新的数据集合

    B. 查询的种类有：选择查询、参数查询、交叉查询、操作查询和 SQL 查询

    C. 创建复杂的查询不能使用查询向导

    D. 可以使用函数、逻辑运算符、关系运算符创建复杂的查询

（14）以下叙述中，_____是正确的。

    A. 在数据较多、较复杂的情况下使用筛选比使用查询效果好

    B. 查询只从一个表中选择数据，而筛选可以从多个表中获取数据

    C. 通过筛选形成的数据表，可以提供给查询、视图和打印使用

    D. 查询可将结果保存起来，供下次使用

（15）利用对话框提示用户输入参数的查询过程称为_____。

    A. 选择查询   B. 参数查询   C. 操作查询   D. SQL 查询

（16）在 SQL 查询中使用 WHERE 子句指出的是_____。

    A. 查询目标   B. 查询结果   C. 查询视图   D. 查询条件

（17）Access 支持的查询类型有_____。

    A. 选择查询、交叉表查询、参数查询、SQL 查询和操作查询

    B. 基本查询、选择查询、参数查询、SQL 查询和操作查询

    C. 多表查询、单表查询、交叉表查询、参数查询和操作查询

D. 选择查询、统计查询、参数查询、SQL 查询和操作查询

(18) 在查询设计视图中，_____。

    A. 只能添加数据库表

    B. 既可以添加数据库表，也可以添加查询

    C. 只能添加查询

    D. 以上说法都不对

(19) 在查询中，默认的字段显示顺序是_____。

    A. 在表的"数据表视图"中显示的顺序

    B. 添加时的顺序

    C. 按照字母顺序

    D. 按照文字笔画顺序

(20) 创建交叉表查询，在"交叉表"行上有且只能有一个的是_____。

    A. 行标题和列标题   B. 行标题和值

    C. 行标题、列标题和值   D. 列标题和值

(21) 在创建交叉表查询时，列标题字段的值显示在交叉表的位置是_____。

    A. 第一行   B. 第一列   C. 上面若干行   D. 左面若干列

(22) 下列不属于操作查询的是_____。

    A. 参数查询   B. 生成表查询   C. 更新查询   D. 删除查询

(23) 在 Access 的数据库中已建立了 tBook 表，若查找"图书编号"是 112266 和 113388 的记录，应在查询设计视图准则行中输入_____。

    A. "112266" and "113388"   B. not in("112266","113388")

    C. in("112266","113388")   D. not("112266" and "113388")

(24) 在一个 Access 的表中有字段"专业"，要查找包含"信息"两个字的记录，正确的条件表达式是_____。

    A. =left([专业],2)= "信息"   B. like " * 信息 * "

    C. ="信息 * "   D. Mid([专业],1,2,)= "信息"

(25) 在课程表中要查找课程名称中包含"计算机"的课程，对应"课程名称"字段的正确条件表达式是_____。

    A. "计算机"   B. " * 计算机 * "

    C. Like " * 计算机 * "   D. Like "计算机"

(26) 建立一个基于"学生"表的查询，要查找"出生日期"（数据类型为日期/时间型）在 1980-06-06 和 1980-07-06 间的学生，在"出生日期"对应列的"条件"行中应输入的表达式是_____。

    A. between 1980-06-06 and 1980-07-06

    B. between ♯1980-06-06♯ and ♯1980-07-06♯

    C. between 1980-06-06 or 1980-07-06

    D. beteen ♯1980-06-06♯ or ♯1980-07-06♯

（27）要在查找表达式中使用通配符通配一个数字字符,应选用的通配符是_____。

A. ＊　　　　　　B. ？　　　　　　C. !　　　　　　D. #

（28）如果在查询的条件中使用了通配符方括号"[]",它的含义是_____。

A. 通配任意长度的字符

B. 通配不在括号内的任意字符

C. 通配方括号内列出的任一单个字符

D. 错误的使用方法

（29）条件"Not 工资额＞2000"的含义是_____。

A. 选择工资额大于 2000 的记录

B. 选择工资额小于 2000 的记录

C. 选择除了工资额大于 2000 之外的记录

D. 选择除了字段工资额之外的字段,且大于 2000 的记录

（30）创建参数查询时,在查询设计视图准则行中应将参数提示文本放置在_____。

A. {}中　　　　　B. ()中　　　　　C. []中　　　　　D. ＜＞中

（31）书写查询条件时,日期值应该用_____括起来。

A. 括号　　　　B. 双引号　　　　C. 半角的井号(#)　　D. 单引号

（32）在建立查询时,若要筛选出图书编号是 T01 或 T02 的记录,可以在查询设计视图准则行中输入_____。

A. "T01" or "T02"　　　　　　　B. "T01" and "T02"

C. in("T01" and "T02")　　　　　D. not in("T01" and "T02")

（33）假设某数据库表中有一个姓名字段,查找姓仲的记录的条件是_____。

A. Not "仲＊"　　　　　　　　　B. Like "仲"

C. Left([姓名],1)="仲"　　　　　D. "仲"

（34）SQL 语句不能创建的是_____。

A. 报表　　　　B. 操作查询　　　　C. 选择查询　　　D. 数据定义查询

（35）在 SELECT 语句中使用 ORDER BY 是为了指定_____。

A. 查询的表　　　　　　　　　B. 查询结果的顺序

C. 查询的条件　　　　　　　　D. 查询的字段

（36）在 Access 中已建立了"学生"表,表中有"学号"、"姓名"、"性别"和"入学成绩"等字段。执行如下 SQL 命令:

Select 性别,avg (入学成绩) From 学生 Group by 性别

其结果是_____。

A. 计算并显示所有学生的性别和入学成绩的平均值

B. 按性别分组计算并显示性别和入学成绩的平均值

C. 计算并显示所有学生的入学成绩的平均值

D. 按性别分组计算并显示所有学生的入学成绩的平均值

（37）在 Access 中已建立了"工资"表,表中包括"职工号"、"所在单位"、"基本工资"

和"应发工资"等字段,如果要按单位统计应发工资总数,那么在查询设计视图的"所在单位"的"总计"行和"应发工资"的"总计"行中分别选择的是_____。

A. sum,group by
B. count,group by
C. group by,sum
D. group by,count

(38) 下列 SQL 查询语句中,与图 3.52 所示的查询设计视图的查询结果等价的是_____。

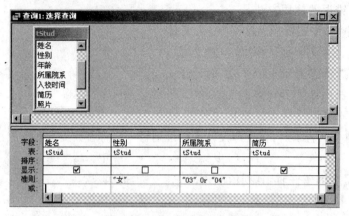

图 3.52　查询设计视图

A. SELECT 姓名,性别,所属院系,简历 FROM tStud
　　WHERE 性别="女" AND 所属院系 IN("03","04")

B. SELECT 姓名,简历 FROM tStud
　　WHERE 性别="女" AND 所属院系 IN("03","04")

C. SELECT 姓名,性别,所属院系,简历 FROM tStud
　　WHERE 性别="女" AND 所属院系="03" OR 所属院系="04"

D. SELECT 姓名,简历 FROM tStud
　　WHERE 性别="女" AND 所属院系="03" OR 所属院系="04"

2. 填空题

(1) 操作查询共有 4 种类型,分别是删除查询、_____、追加查询和生成表查询。

(2) 在 SQL 的 SELECT 命令中用_____短语对查询的结果进行排序。

(3) 在学生成绩表中,如果需要根据输入的学生姓名查找学生的成绩,需要使用的是_____查询。

(4) 在 Access 中,要在查找条件中指定与任意一个数字字符匹配,可使用的通配符是_____。

(5) 用 SQL 语句实现查询表名为"图书表"中的所有记录,应该使用的 SELECT 语句是 SELECT _____。

(6) 根据对数据源操作方式和结果的不同,查询可以分为 5 类:选择查询、交叉表查询、_____、操作查询和 SQL 查询。

（7）SQL 查询就是用户使用 SQL 语句来创建的一种查询。SQL 查询主要包括_____、传递查询、数据定义查询和子查询等 4 种。

（8）创建分组统计查询时，总计项应选择_____。

（9）若要查找最近 20 天之内参加工作的职工记录，查询准则为_____。

（10）创建交叉表查询时，必须对行标题和_____进行分组（Group By）操作。

实　验　3

实验目的：为高校教师信息管理数据库建立所需的查询，熟悉各种查询的创建方法。

实验要求：掌握选择查询、交叉表查询、参数查询与操作查询的创建与编辑过程，掌握查询的运行方法。

实验学时：4 课时

实验内容与提示：

（1）请为 TeacherInfo 数据库创建如下查询对象。

① 按职称查询教师的基本信息，查询命名为 qT_Title_Tech。

提示：查询对象为 TIMS_teacherInfo 表，输出字段为 Name、Sex、Birth_Day、Political、Education_BG、Specialty 与 Major_Field。该查询为参数查询。

② 按姓名查询教师授课情况，查询命名为 qT_Lecture。该查询为参数查询。

提示：查询对象为 TIMS_teacherInfo 与 TIMS_LectureInfo 表，输出字段为 Name、Course_Name、Class_NO、Acad_Year、Weekly_Hours 与 Lecture_ADD。

③ 按姓名查询教师发表论文情况，查询命名为 qT_Paper。

提示：查询对象为 TIMS_teacherInfo 与 TIMS_PaperInfo 表，输出字段为 Name、Topic、Publish_Time、Journal_Name、rank 与 Awards。该查询为参数查询。

④ 按姓名查询教师课题立项情况，查询命名为 qT_Project。

提示：查询对象为 TIMS_teacherInfo 与 TIMS_ProjectInfo 表，输出字段为 Name、Project_Name、Project_Frome、Rank、Start_Time、End_time 与 Finished。该查询为参数查询。

⑤ 按姓名查询教师所获荣誉情况，查询命名为 qT_Honour。

提示：查询对象为 TIMS_teacherInfo 与 TIMS_HonourInfo 表，输出字段为 Name、Honour_Name、Rank、Grant_Time 与 Grantor。该查询为参数查询。

⑥ 按姓名查询教师出版书籍授课情况，查询命名为 qT_Publication。

提示：查询对象为 TIMS_teacherInfo 与 TIMS_PublicationInfo 表，输出字段为 Name、Book_Name、Publication_Time、Press、Awards 与 Category。该查询为参数查询。

⑦ 查询教师立项到期却没有结题的项目情况，查询命名为 qT_Project_Finished。

提示：查询对象为 TIMS_teacherInfo 与 TIMS_ProjectInfo 表，输出字段为 Name、Project_Name、Start_Time 与 End_time。查询条件为 End_time＞now（），Finished＝False。

⑧ 按姓名分别建立职称统计查询、教师发表论文数统计查询、教师立项数统计查询、教师出版书籍数统计查询,查询名分别为 Title_TechicalCount、Paper_Count、Project_Count 与 Publication_Count。

(2) 已知 Exper3 文件夹下存在一个数据库文件 samp2.mdb,里面已经设计好一个表对象 tStud 和一个查询对象 qStud4。试按以下要求完成设计:

① 创建一个查询,计算并输出学生的最大年龄和最小年龄信息,标题显示为 MaxY 和 MinY,所建查询命名为 qStud1。

② 创建一个查询,查找并显示年龄小于等于 25 的学生的"编号"、"姓名"和"年龄",所建查询命名为 qStud2。

③ 创建一个查询,按照入校日期查找学生的报到情况,并显示学生的"编号"、"姓名"和"团员否"三个字段的内容。当运行该查询时,应显示参数提示信息:"请输入入校日期:",所建查询命名为 qStud3。

④ 更改 qStud4 查询,将其中的"年龄"字段按升序排列。不允许修改 qStud4 查询中其他字段的设置。

(3) 已知 Exper3 文件夹下存在一个数据库文件 samp3.mdb,里面已经设计好表对象 tCourse、tGrade 和 tStudent,试按以下要求完成设计:

① 创建一个查询,查找并显示"姓名"、"政治面貌"和"毕业学校"等三个字段的内容,所建查询名为 qT1。

② 创建一个查询,计算每名学生的平均成绩,并按平均成绩降序依次显示"姓名"、"平均成绩"两列内容,其中"平均成绩"数据由统计计算得到,所建查询名为 qT2;假设,所用表中无重名。

③ 创建一个查询,按输入的班级编号查找并显示"班级编号"、"姓名"、"课程名"和"成绩"的内容。其中"班级编号"数据由统计计算得到,其值为 tStudent 表中"学号"的前 6 位,所建查询名为 qT3;当运行该查询时,应显示提示信息:"请输入班级编号:"。

④ 创建一个查询,运行该查询后生成一个新表,表名为"90 分以上",表结构包括"姓名"、"课程名"和"成绩"三个字段,表内容为 90 分以上(含 90 分)的所有学生记录,所建查询名为 qT4;要求创建此查询后,运行该查询,并查看运行结果。

第 **4** 章 窗体

窗体也是 Access 数据库的重要对象。用户通过窗体可以方便地实现数据库数据的输入、编辑、显示与查询。利用窗体可以灵活地组织数据库的对象,形成功能完整、风格统一的数据库应用系统,实现应用系统与用户之间的交互。本章将详细介绍窗体的基本知识,包括窗体的基本构成、基本类型、控件的分类、控件的使用、窗体的创建与窗体的格式化等内容。

主要学习内容

- 窗体的基本知识;
- 常用控件的基本知识;
- 创建窗体;
- 调整窗体。

4.1　窗体基本知识

窗体是用户和数据库联系的界面,窗体可以使操作界面变得更直观。用户可以通过窗体向数据表中输入数据,可以创建自定义的对话框来接收用户数据的输入,并根据用户输入的信息执行相应的操作。窗体中的大部分内容来自于它所基于的数据源(表或查询)。

4.1.1　窗体的视图

Access 数据库的窗体有设计视图、窗体视图、数据表视图、数据透视表和数据透视图 5 种视图。窗体视图的切换是在窗体设计视图中,通过执行"视图"菜单中相应的命令来实现的。在"数据库"窗口的"窗体"对象中选定某个窗体后,单击窗口上部的"打开"或"设计"按钮就进入窗体的"窗体"视图或"设计"视图。"设计"视图用于创建和设计窗体,"窗体"视图用于查看窗体的内容。"数据表"视图以表格的方式查看窗体的内容。"数据透视表"和"数据透视图"是为更清楚地分析和显示数据而新增的两种视图,是嵌套在 Access 中的 Excel 对象。对数据进行输入和编辑主要在"窗体"视图和"数据表"视图中进行。

4.1.2　窗体的基本构成

一个完整的窗体对象由 5 个节组成，它们分别是窗体页眉、页面页眉、窗体主体、页面页脚与窗体页脚。图 4.1 为窗体节的示意说明。在一般情况下，一个应用型窗体对象仅使用窗体页眉、窗体主体、窗体页脚，其中，窗体主体是用于操作数据的主要窗体节。

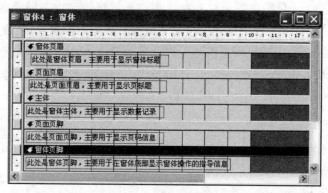

图 4.1　窗体设计视图

另外，在设计窗体时须用到标签、文本框、复选框、列表框、组合框、选项组、命令按钮与图像等对象，这些对象被称为控件，在窗体中发挥各自的作用。

4.1.3　窗体的基本类型

Access 窗体对象的类别可以按照不同的分类方法分为多种。按其应用功能的不同，窗体对象分为数据交互型窗体与命令选择型窗体。

1. 数据交互型窗体

这是数据库应用系统中应用最多的一类窗体，主要用于输入显示、编辑数据。图 4.2 所示的窗体就属于这一类。数据交互型窗体的特点是拥有数据源，数据源可以是表、查询或是一条 SQL 语句。如果数据交互型窗体的数据源来自若干个表或查询，则需要在窗体中设置子窗体，令每一个子窗体均拥有自己的数据源。数据源是数据交互型窗体的基础。

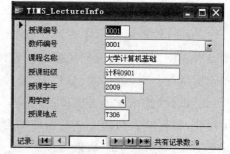

图 4.2　交互型窗体

数据交互型窗体又可分为纵栏式窗体、表格式窗体、图表窗体与数据透视表窗体等。

1) 纵栏式窗体

纵栏式窗体是 Access 应用程序最常用的窗体格式，在该窗体内仅显示一条记录的内容,用户可以通过翻页的方式来改变所显示的记录,如图 4.2 所示。

2) 表格式窗体

表格式窗体在窗体中同时显示多条记录,如图 4.3 所示。

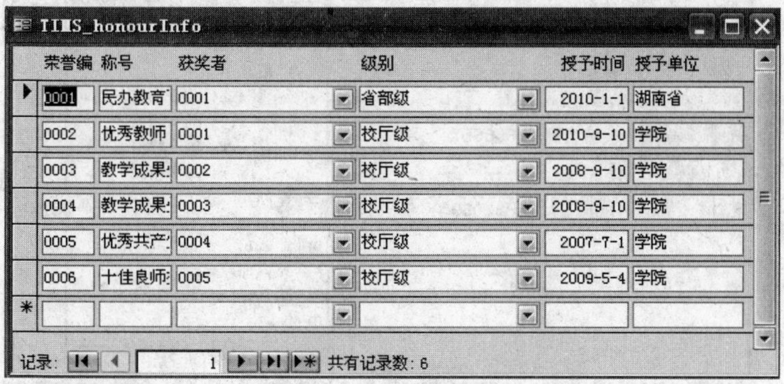

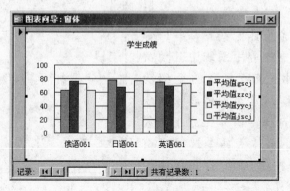

图 4.3　表格式窗体

3) 图表窗体

图表窗体是利用 Microsoft Graph 以图表方式显示用户的数据。图表窗体可以被单独使用,也可以在子窗体中使用图表窗体来增加窗体的功能。图表窗体的数据源同样是数据表或查询。如图 4.4 所示。

图 4.4　图表窗体

4) 数据透视表窗体

数据透视表窗体是 Access 为了以指定的数据表或查询为数据源产生一个 Excel 分析表而建立的一种窗体形式。数据透视表窗体允许用户对表格内的数据进行操作;用户也可以改变透视表的布局,以满足不同的数据分析方式和要求。数据透视表窗体对数据进行的处理是 Access 其他工具无法完成的。数据透视表窗体如图 4.5 所示。

5) 主/子窗体

窗体中的窗体称为子窗体,包含子窗体的基本窗体称为主窗体。主窗体和子窗体通常用于显示多个表或查询中的数据,这些表或查询中的数据具有一对多关系。在这种窗

图 4.5　数据透视表窗体

体中,主窗体和子窗体彼此链接,主窗体显示某一条记录的信息,子窗体就会显示与主窗体当前记录相关的记录信息。

2. 命令选择型窗体

数据库应用系统通常具有一个主操作界面窗体,在这个窗体上安置一些命令按钮,用以实现数据库应用系统中其他窗体的调用,也表明系统所具备的全部功能。从应用的角度看,这类窗体属于命令选择型窗体,命令选择型窗体无需指定数据源。图 4.6 所示窗体为命令选择型窗体,单击一个命令按钮,即可打开相应的功能窗体。

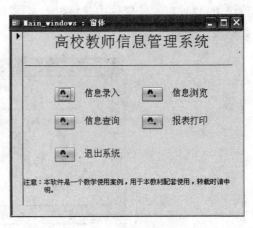

图 4.6　命令选择型窗体

4.1.4　窗体的属性

1. 窗体的常用属性

所谓属性即事物本身所固有的性质,是物质必然的、基本的且不可分离的特性,是事物在某个方面质的表现。一定质的事物常表现出多种属性。例如,冰箱的高度、颜色、价格与产地等是用来描述冰箱特征的,这些都是冰箱的属性;例如对于按钮控件的名称、显示的文字、背景色与背景图片等都是命令按钮的属性。窗体也有很多的属性,重要属性的含义如表 4-1 所示。

表 4-1　窗体属性

属　　　性	内 部 名 称	说　　　明
窗体名称	Name	窗体名称
记录源	RecordSource	可以是一个表或查询,也可以是 SQL 语句
标题	Caption	设置窗体的视图界面标题栏上显示的内容
允许编辑	AllowEdits	设置此窗体是否可更改或删除或添加数据。前提是此窗体绑定记录源
允许删除	AllowDeletions	
允许添加	AllowAdditions	
控制框	ControlBox	设置窗体标题栏左边是否显示一个窗体图标,实际上这就是窗体控制按钮
最大最小化按钮	MinMaxButtons	设置窗体标题栏右边要显示的改变窗体尺寸的几个小按钮
关闭按钮	CloseButton	设置窗体标题栏最右端是否保留关闭窗体按钮

2. 窗体属性的定义

在窗体"设计"视图中,窗体与窗体控件的属性可以在"属性"对话框中设置。具体的操作方法是单击工具栏中的"属性"按钮🗂️或在窗体上右击从打开的快捷菜单中选择"属性"命令,打开"属性"对话框,如图 4.7 所示。

对话框左上方的下拉列表是当前窗体上所有对象的列表,请从中选择要设置的属性对象,当然,也可以直接在窗体上选中对象,此时列表框中将显示被选中对象的控件名称。

"属性"对话框中包括 5 个选项卡,分别是格式、数据、事件、其他与全部。其中,"格式"选项卡包含了窗体或控件的外观属性,"数据"选项

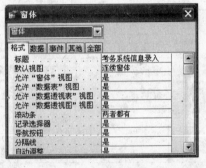

图 4.7　属性对话框

卡包含了数据源与数据操作的相关属性,"事件"选项卡包含了窗体或控件能够响应的事件,"其他"选项卡包含了"名称"等其他属性。选项卡左侧是属性名称,右侧是属性值。

4.2　控件的基本知识

控件是组成窗体、报表与数据访问页的基本元素,用于显示数据、执行操作或装饰窗体。

4.2.1 控件的含义

控件是在窗体、报表或数据访问页上用于显示数据、执行操作或作为装饰的对象。Microsoft Access 的控件有很多，主要包括文本框、标签、选项组、选项按钮、复选框、切换按钮、列表框、组合框、命令按钮、选项卡控件、图像控件、线条、矩形和 ActiveX 自定义控件等，这些控件通过在窗体、报表或数据访问页的"设计"视图中的工具箱使用，如图 4.8 所示。工具箱名称及其功能如表 4-2 所示。

图 4.8　控件工具箱

表 4-2　工具箱名称及功能

图标	名　称	功　能
	选定对象	用于选取控件、节、窗体、报表或数据访问页。单击该工具可以释放已锁定的工具箱按钮
	控件向导	用于打开或关闭控件向导。在窗体中，可以使用向导来创建组合框、选项组、命令按钮、子报表和子窗体等控件
	标签	用来显示说明性文本的控件，如窗体、报表或数据访问页上的标题或文字提示
	文本框	用于显示、输入或编辑窗体、报表或数据访问页的基础记录源数据，显示计算结果，或接收用户数据输入
	选项组	与复选框、单选按钮或切换按钮搭配使用，可以显示一组可选值
	切换按钮	用于在自定义窗口中或选项组的一部分中接收用户输入数据的未绑定控件
	单选按钮	用于一组（两个或多个）有互斥性（即只能选中其一）的选项
	复选框	用于一组没有互斥性（即可以选择多个）的选项
	列表框	显示可滚动的值列表。当在"窗体"视图中打开窗体或在"页"视图或 Microsoft Internet Explorer 中打开数据访问页时，可以从列表中选择值输入到新记录中，或者更改现有记录中的值
	组合框	组合了列表框和文本框的特性。可以在文本框中输入文字或在列表框中选择输入项，然后将值添加到基础字段中
	命令按钮	用来完成各种操作，如查找记录与打印记录或应用窗体筛选
	图像	用于在窗体或报表上显示静态图片。由于静态图片并非 OLE 对象，因此只要将图片添加到窗体或报表中，便不能在 Microsoft Access 内进行图片编辑
	未绑定对象框	用于在窗体或报表中显示未绑定 OLE 对象，如 Microsoft Excel 电子表格。当在记录间移动时，该对象将保持不变
	绑定对象框	用于在窗体或报表上显示 OLE 对象，如一系列图片。该控件针对的是保存在窗体或报表记录字段中的对象。当在记录间移动时，不同的对象将显示在窗体或报表上
	分页符	用于在窗体上开始一个新的屏幕，或在打印窗体或报表上开始一个新页

图标	名　称	功　能
▣	选项卡控件	用于创建一个多页的选项卡窗体或选项卡窗口。可以在选项卡控件上复制或添加其他控件。在设计网格中的"选项卡"控件上右击,可更改页数、页次序、选定页的属性和选定选项卡控件的属性
🖻	子窗体/子报表	用于在窗体或报表上显示来自多个表的数据
＼	直线	用于在窗体、报表或数据访问页上,突出相关的或特别重要的信息,或将窗体或页面分隔成不同的部分
▢	矩形	用于显示图形效果,如在窗体中将一组相关的控件组织在一起,或在窗体、报表或数据访问页上突出重要数据
⚒	其他控件	单击此按钮,会弹出快捷菜单,显示 Access 已经加载的其他控件 COMNSView Class Cr Behavior Factory CSSEditor Class CTreeView 控件 Data Table Design Control DebugHTMLEditor Class

4.2.2　控件的使用

控件的使用主要包括在窗体、报表或数据访问页中添加控件,改变控件的大小,移动与删除控件,设置控件的属性等。

1. 添加、移动与删除控件

要在窗体、报表或数据访问页中添加控件,须打开窗体、报表或数据访问页的设计视图,然后在图 4.8 所示的控件工具箱中选择要添加的控件,然后在窗体、报表或数据访问页要添加控件的位置拖动鼠标即可。

要在窗体、报表或数据访问页中移动控件,选定要移动的控件拖动到适合的位置即可。

要在窗体、报表或数据访问页中删除控件,选定要删除的控件,按 Delete 键即可。

2. 改变控件的大小

选中控件,然后拖动控件周围的某个小黑方块。

注意:左上角的小方块只能用于移动控件而不能在该方向上改变大小。

3. 设置控件的属性

除了可以对控件进行移动、添加、删除等操作外,还可通过属性窗口来设置控件的属性以及工作区的属性,如控件或工作区的格式、数据、事件等。以下两种方法都可用于打开属性窗口:

(1) 先选中控件(单击或用 Tab 键),再单击窗体设计工具栏中的"属性"按钮。

(2) 右击控件,选择快捷菜单中的"属性"命令。

注意：控件的大小、位置、外观等也是控件的属性，只不过它们可以直观地设置罢了。

4.2.3 常用控件

1. 标签

标签用于在窗体、报表或数据访问页上显示信息或其他说明性文本，如标题、题注或简短的说明。当然，标签也能附加到另一个控件上。例如在创建文本框时，文本框会有一个附加的标签，用来显示该文本框的标题。在使用"标签"工具 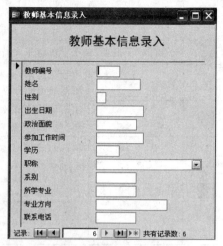 创建标签时，该标签将单独存在，并不附加到任何其他控件上，这种标签被称为独立标签。如图 4.9 中"教师基本信息录入"为独立标签，"教师编号"、"姓名"与"性别"等为附加到文本框的标签。标签常用属性如表 4-3 所示。

图 4.9　标签

表 4-3　标签常用属性

属性名	说　明	属性名	说　明
名称	用于设置标签控件的名称	背景色	用于设置标签中文本的颜色
标题	用于设置标签中的文本内容	边框颜色	用于设置标签中边框的颜色
背景样式	用于设置标签对象是否透明	边框宽度	用于设置标签中边框的宽度
文本对齐	用于设置标签中文本的对齐方式	前景色	用于设置标签中边框的颜色
特殊效果	用于设置标签对象为平面、凸等效果	宽度	用于设置标签的宽度
字体名称	用于设置标签中文本的字体	高度	用于设置标签的高度
字号	用于设置标签中文本的字号		

除了上述属性以外，标签还有其他一些属性，要在设置时多加留意。

2. 文本框

在 Access 中，文本框是用来显示、输入、筛选或组织数据的控件。在窗体、报表或数据访问页上使用文本框来显示记录源上的数据，这种类型的文本框被称作绑定文本框，因为它与数据表的某个字段中的数据相绑定。文本框也可以是未绑定的，这种文本框一般用来接受用户所输入的数据或显示计算的结果。在未绑定文本框中的数据未保存在任何位置。如图 4.10 中项目编号等标签后的文本框为绑定文本框，这些文本框从 TIMS_ProjectInfo 表中的对应的字段获取数据，底部导航栏上的文本框为未绑定文本

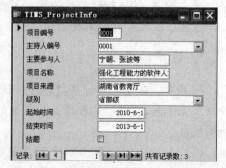

图 4.10　文本框

框,用于显示计算结果。

文本框的属性大多与标签属性相同,文本框的常用属性如表 4-4 所示。

表 4-4 文本框的常用属性

属性名	说　　明
名称	用于设置文本框控件的名称
控件来源	用于设置或返回文本框对象中的文本内容
格式	用于设置文本框数据的显示格式
小数位数	用于设置文本框中数值数据的小数位数
输入掩码	用于设置文本框数据输入的格式
默认值	没有输入时的值
有效性规则	对文本框数据输入有效性定义,不符合规则的数据无法输入
有效性文本	输入无效数据时的提示的信息

注意:上述很多属性与字段属性的定义相同,请参照前面相关内容。

3. 选项按钮、复选框与切换按钮

在窗体、报表或数据访问页上,选项按钮、复选框与切换按钮用作独立的控件显示基础记录源的"是/否"值。图 4.10 所示的复选项按钮用于 TIMS_ProjectInfo 表中的 Finished 字段,该字段的数据类型为"是/否"。如果选择了选项按钮,其值则为"是";如果未选择,其值则为"否"。

4. 列表框

在许多情况下,从列表中选择一个值,要比记住一个值然后输入它更快更容易。图 4.11 所示就是一个列表框。

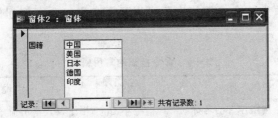

图 4.11　列表框

列表框中的列表是由数据行组成的。在窗体中,列表框中可以有一个或多个列。在数据访问页中,列表框一般是一个无标题的列。列表框的常用属性如表 4-5 所示。

5. 组合框

组合框类似于文本框和列表框的组合。用户可以在组合框中输入新值,也可以从列表中选择一个值。组合框中的列表由数据行组成。数据行可以有一个或多个列,这些列可以显示或不显示标题。图 4.12 所示就是一个组合框。组合框的常用属性与列表框相同。

表 4-5　列表框的常用属性

属性名	说　　明
名称	用于设置列表框的名称
行来源类型	用于设置列表框中数据来源于表或查询、列表值或字段列表
行来源	用于设置列表框中数据来源的具体内容
列数	用于设置列表框的列数(可以是一列,也可以是多列)
行数	用于设置列表框的行数
列宽	用于设置列表框的宽度

图 4.12　组合框

6. 命令按钮

命令按钮提供了一种只需单击按钮即可执行操作的方法。选择按钮时,它不仅会执行相应的操作,其外观也会有先按下后释放的视觉效果。

在窗体或数据访问页上可以使用命令按钮来启动一项操作或一组操作。例如,可以创建一个命令按钮来打开另一个窗体。若要使命令按钮在窗体上实现某些功能,可以编写相应的宏并将它附加在按钮的 OnClick 属性中。在窗体中的命令按钮上可以显示文本或图片;在数据访问页中的命令按钮上只可以显示文本。命令按钮的常用属性如表 4-6 所示。

表 4-6　命令按钮的常用属性

属性名	说　　明	属性名	说　　明
名称	用于设置命令按钮控件的名称	单击	用于设置单击命令按钮控件的事件过程
标题	用于设置命令按钮控件上显示的文字	图片	用于设置命令按钮显示的图片

7. 选项组

选项组由一个框及一组复选框、选项按钮或切换按钮组成。选项组使用户选择某一组确定的值变得十分容易。因为,只要单击选项组中所需的值,就可以为字段选定数据值。在选项组中每次只能选择一个选项。如果需要显示的选项较多,请使用列表框或组合框,而不要使用选项组。如果选项组绑定了某个字段,则只有组框架本身绑定此字段,而不是组框架内的复选框、选项按钮或切换按钮绑定此字段。选项组可以设置为表达式

　　　　Access 数据库技术与应用

或绑定选项组,也可以在自定义对话框中使用未绑定选项组来接受用户的输入,然后根据输入的内容来执行相应的操作。

在窗体或报表中,选项组包含一个组框和一系列复选框、选项按钮或切换按钮。在数据访问页中,选项组含有一个组框和一系列选项按钮,如图4.13中标签"性别:"后就是一个选项组。在该选项组中有2个选项按钮,其中灰色方框是选项组,把控件包含在其中。此时,选项组中选项必须设置选项值。

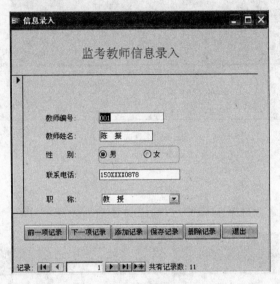

图4.13　选项组

注意:选项组的值只能是数字,因此,选项组的"选项值"或"值"属性必须设为数字,且与对应表的字段属性一致。

选项组的常用属性如表4-7所示。其他的属性与前面介绍的控件相同。

8. 选项卡

当窗体中的内容较多无法在一页全部显示时,可以使用选项卡进行分页,操作时只需要单击选项卡上的标签,就可以在多个页面间进行切换。选项卡控件主要用于将多个不同格式的数据窗体整合在一个选项卡中,或者说,它是用一个选项卡中包含多页数据操作窗体的窗体,而且在每页窗体中又可包括若干控件。如图4.14窗体中使用选项卡控件来分隔"学生信息浏览与统计"和"监考教师信息浏览与统计"。选项卡的常用属性如表4-8所示。

<table>
<tr><td colspan="2">表4-7　选项组的主要属性</td><td colspan="2">表4-8　选项卡的常用属性</td></tr>
<tr><td>属性名</td><td>说　　明</td><td>属性名</td><td>说　　明</td></tr>
<tr><td>名称</td><td>用于设置选项组控件的名称</td><td>名称</td><td>用于设置选项卡控件中页的名称</td></tr>
<tr><td>控件来源</td><td>用于设置选项组控件所绑定的字段</td><td>标题</td><td>用于设置选项卡控件中页的标题</td></tr>
</table>

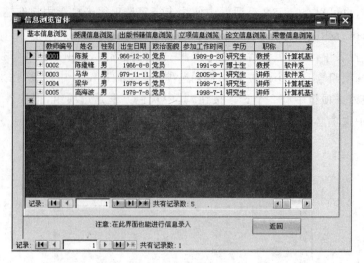

图 4.14　选项卡

9. 图像控件

在窗体中使用图像控件显示图形,可以使窗体更加美观,如图 4.15 所示。

图 4.15　图像控件

图像控件的常用属性如表 4-9 所示。

表 4-9　图像控件的常用属性

属性名	说　　明
名称	用于设置图像控件的名称
图片	用于设置图像控件的图片所处的位置
图片类型	用于设置图像控件的类型,如剪裁、拉伸、缩放
超链接地址	用于设置图像控件的超链接
可见性	用于设置图像控件是否可见

4.3 创建窗体

在 Access 中,创建窗体有两种方式,一种是在窗体的"设计"视图中手工创建,另一种是使用 Access 提供的各种向导快速创建。

当需要创建窗体时,单击数据库窗口的"窗体"对象,然后单击"新建"按钮,系统弹出如图 4.16 所示的"新建窗体"对话框,在对话框的列表框中显示了创建窗体的各种方法。在对话框的底部有个组合框,其中的内容是选择窗体要使用的数据源来源表或查询。

"新建窗体"对话框中的各个选项的含义如下:

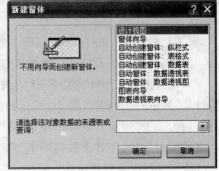

图 4.16 "新建窗体"对话框

- 设计视图。直接进入窗体的设计视图,由用户手工创建窗体。
- 窗体向导。该向导根据用户所选字段自动创建窗体。
- 自动创建窗体:纵栏式。该向导自动创建纵栏式窗体。
- 自动创建窗体:表格式。该向导自动创建表格式窗体。
- 自动创建窗体:数据表。该向导自动创建数据表窗体。
- 自动创建窗体:数据透视表。该向导自动创建数据表窗体。
- 自动创建窗体:数据透视图。该向导将在"数据透视图"视图中自动生成一个窗体。
- 图表向导。该向导创建带有图表的窗体。
- 数据透视表向导。该向导创建带有 Microsoft Excel 数据透视表的窗体。

4.3.1 自动创建窗体

当需要快速创建窗体时,使用"自动窗体"按钮是最好的方法了。当然,创建窗体还有更好的方法,尽管这些方法所需要的时间较长,然而却有更多的控件可用于控制窗体的外观。关闭刚创建的窗体时,一定要保存它。

1. 自动创建窗体

使用"自动窗体"可以创建一个显示选定表或查询中所有字段及记录的窗体。每一个字段都显示在一个独立的行上,并且左边带有一个标签。

例 4-1 以 TeacherInfo 数据库中的 TIMS_honourInfo 表为数据源,使用"自动窗体"功能,创建"教师荣誉信息录入"窗体。操作步骤如下:

(1) 在"数据库"窗口的"表"对象中,选中 TIMS_honourInfo 表。

（2）选择"插入"→"自动窗体"命令，或单击工具栏中的"新对象"按钮右侧的向下箭头，从打开的下拉列表中选择"自动窗体"选项，系统自动生成如图 4.17 所示的窗体。

2. 使用自动创建窗体

使用"自动创建窗体"向导，可以创建自动创建 5 种形式的窗体，包括纵栏式、表格式、数据表、数据透视表和数据透视图。虽然 5 种窗体显示数据的形式不一样，但创建步骤基本一致。

例 4-2　以 TeacherInfo 数据库中的 TIMS_TeacherInfo 表为数据源，使用"自动创建窗体"向导，创建纵栏式窗体。操作步骤如下：

（1）在"数据库"窗口的"表"对象中，选中 TIMS_TeacherInfo 表。单击工具栏中的"新对象"按钮右侧的向下箭头，从打开的下拉列表中选择"窗体"选项，打开"新建窗体"对话框，如图 4.16 所示。也可以在"窗体"对象下直接单击"新建"按钮，并在打开的"新建窗体"对话框的"请选择对象数据的来源表或查询"下拉列表中选择 TIMS_TeacherInfo 表。

（2）选择"自动创建窗体：纵栏式"选项，单击"确定"按钮。此时，屏幕上立即显示新建的窗体，如图 4.18 所示。

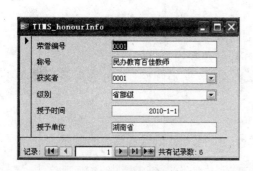

图 4.17　自动窗体

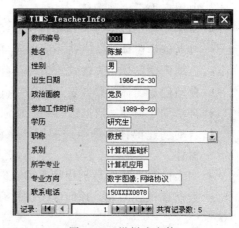

图 4.18　纵栏式窗体

（3）最后，单击工具栏中的"保存"按钮，打开"另存为"对话框，在"窗体名称"框内输入窗体的名称，单击"确定"按钮。

4.3.2　使用向导创建窗体

使用"自动窗体"或自动创建窗体功能虽然简单与快捷，但形式与内容都受到限制，不能满足设计复杂窗体的要求。使用"窗体向导"可以更灵活与全面地控制数据来源与窗体的格式。

1. 基于单表窗体的创建

窗体向导有更多的选项使得用户可以自己定制出性能独特的窗体，这种向导和其他的向导一样采用一步一步地向用户提问的方式,询问需要制作的窗体的各种特性值。

例 4-3 以 TeacherInfo 数据库中的 TIMS_TeacherInfo 表为数据源,使用"使用向导创建"纵栏式标准型窗体。

操作步骤如下:

(1) 在数据库窗口中,单击"对象"中的"窗体"选项。双击"使用向导创建窗体"选项,系统弹出"窗体向导"对话框。

(2) 在"表/查询"下拉列表中选择作为窗体数据来源的表或查询的名称,本例中选择"产品"表作为窗体数据来源,此时可用字段列表中显示"表或查询"的所有字段,如图 4.19 所示。

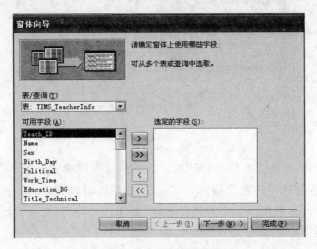

图 4.19 选择数据源

(3) 单击 >> 按钮选定窗体中需要的字段,在向导中选"TIMS_TeacherInfo 产品"表中的全部字段。单击"下一步"按钮,进入到向导的第二步。

(4) 这一步中给出了窗体上可以使用的字段外观的 6 种选择状态。在此,选择"纵栏表"类型,如图 4.20 所示,单击"下一步"按钮。

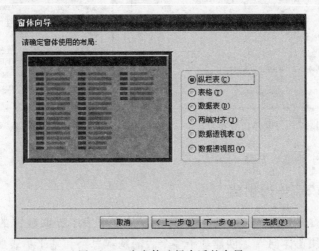

图 4.20 为窗体选择合适的布局

（5）系统弹出确定窗体的样式对话框，如图 4.21 所示。这一步中给出了窗体中可以使用不同的样式选择项，当单击选中不同的样式时，被选中的样式以不同的图形方式显示在屏幕上。此步选择"标准"样式，单击"下一步"按钮。

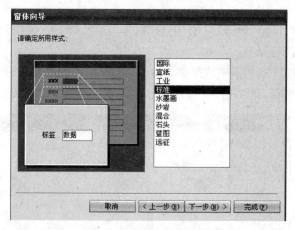

图 4.21　为窗体选择样式

（6）系统弹出窗体选择标题的对话框。这一步是创建窗体标题，可以采用 Access 默认的窗体名称。在修改了标题之后，单击"完成"按钮即可，如图 4.22 所示。

（7）此时，Access 将生成一个窗体。选择"文件"→"关闭"命令，就可看到窗体列表中的新窗体"教师基本信息录入"了，如图 4.23 所示。

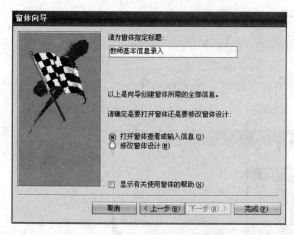

图 4.22　为窗体设置标题

图 4.23　"教师基本信息录入"窗体

注意：如果对创建的窗体不满意，可以在设计视图中进行更改。

2. 基于多表窗体的创建

例 4-3 讲述的是基于单表创建窗体，要创建从多个表中提取数据的窗体，最快、最简单的方法也是使用窗体向导。创建基于多个表的基本思路和基于单表的有所不同。

例 4-4　以 TIMS_TeacherInfo 与 TIMS_honourInfo 表为数据源，使用"使用向导创

建"表格式标准型窗体。

操作步骤与基于单表方式相似,在操作过程中须注意以下一些问题。

(1) 在窗体向导的第一个对话框中,可以选择包含在窗体中的字段。这些字段可以源于一个表,也可以源于多个表。在此,选择包含来自 TIMS_TeacherInfo 表的 Name 字段及 TIMS_honourInfo 表的全部字段数据,如图 4.24 所示。

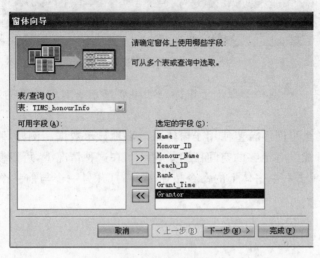

图 4.24　平面窗体视图示例

(2) 接着选择窗体数据的查看方式,如图 4.25 所示。对于本例而言,选择 TIMS_TeacherInfo 查看数据。

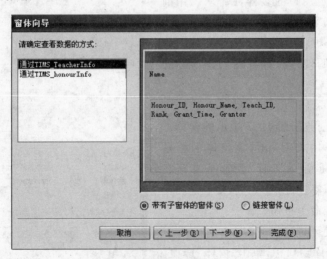

图 4.25　选择窗体查看方式

(3) 接下来的工作就是选择窗体的样式及为窗体命名了,和前面所讲的基本相同,不再赘述。

使用窗体向导可以创建一个以"平面窗体"或"分层窗体"方式显示来自多表数据的窗体。平面窗体的示例之一是显示产品的窗体,如图 4.26 所示。

图 4.26　平面窗体视图示例

　　分层窗体拥有一个或一个以上子窗体。如果要显示一对多关系的表中的数据,子窗体尤其有用。

　　有些情况下,也可能不希望使用子窗体来分层地显示数据。例如,假设有一个拥有许多控件的窗体,可能没有足够的空间留给子窗体。在这种情况下,可以使用窗体向导来创建同步窗体。当单击一个窗体上的命令按钮时,将打开另一个与前一个窗体中的记录同步的窗体。

4.3.3　设计窗体

　　在创建窗体的各种方法中,更多的时候使用窗体设计视图来创建窗体,这种设计方法灵活,更能满足用户的多样性需求。用前面创建窗体的方法创建的窗体有时达不到用户要求,往往也要用窗体设计视图来修改,在此举例说明使用设计视图创建窗体的方法。

　　例 4-5　请采用"设计"视图为 TIMS_TeacherInfo 表创建如图 4.27 所示的窗体。

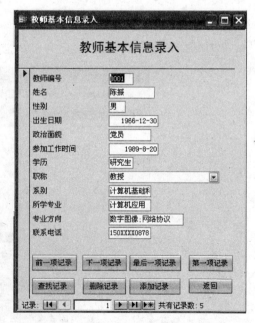

图 4.27　设计窗体

　　从图 4.27 中可以看出,该窗体的标题为"教师基本信息录入",有"教师基本信息录入"等 13 个标签控件,有 11 个文本框和一个组合框与 8 个命令按钮。

　　该窗体的设计过程如下:

　　(1) 在数据库窗口中,单击"窗体"选项。

　　(2) 双击"在设计视图中创建窗体"(或者单击"新建"按钮,在弹出的"新建窗体"对话框中选择"设计视图"选项);在请选择该对象的数据来源表与查询中选择 TIMS_TeacherInfo 表,系统弹出窗体设计窗口。窗体设计视图包括窗体设计视图和工具箱两个部分,如图 4.28 所示。把窗体的标题属性设置为"教师基本信息录入"。

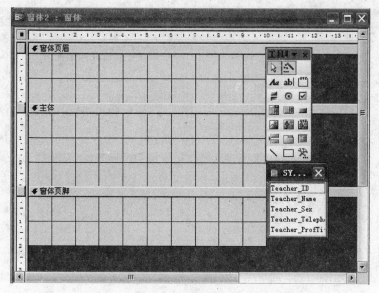

图 4.28　窗体设计窗口

　　默认情况下,窗体的设计视图只显示了窗体设计的主体部分。用户可以选择"视图"
→"窗体页眉/页脚"命令来显示窗体页眉/页脚部分。在窗体设计视图中可以添加工具箱
里的各种控件以完成各种不同的任务。使用设计视图创建窗体的优点之一就是可以灵活
地添加各种控件。

　　(3) 在窗体页眉中添加标签控件,标题属性设为"教师基本信息录入",字体属性为
"宋体",字号属性为 16,前景色属性为"红色"。调整到合适的位置。

　　(4) 从 TIMS_TeacherInfo 的字段列表中,把各个字段拖入到窗体主体区域的合适位
置。把文本框附件标签的标题修改为图 4.27 中所示的标题。

　　(5) 在窗体页脚中添加命令按钮控件,启用控件向导后,选择为相对应的按钮。

　　(6) 设计好后,把该窗体保存为 Window_TIMS_TeacherInfo。

　　注意:添加控件时,可以使用控件向导,能帮助初学者更快掌握控件的使用。启用设
计向导的方法是单击工具箱中的控件向导按钮。

4.3.4　复杂窗体的创建

　　在 Access 中可以设计各种各样的窗体,如主/子窗体、多页窗体等。窗体中的窗体被
称为子窗体。包含子窗体的窗体就叫做主窗体。如窗体需容纳的内容太多,没有足够的
空间去容纳窗体内容时,可以使用多页窗体。下面介绍复杂窗体的设计方法。

　　例 4-6　请为教师信息管理数据库设计一个如图 4.29 所示的窗体。

　　该窗体是高校教师信息管理系统中用于教师信息浏览的窗体,在该窗体中能浏览教
师基本信息、教师的授课信息、教师出版书籍信息、教师立项信息与、教师发表论文信息与
教师所获荣誉信息。由于窗体需容纳内容太多,所以采用分页窗体设计,同时在每个分页

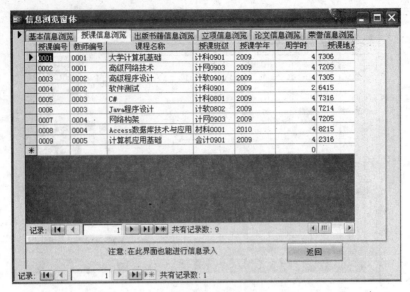

图 4.29　信息浏览窗体

内设计子窗体来显示相应页面对应的数据。

该窗体的设计过程如下：

（1）在数据库窗口中，单击"窗体"选项。

（2）双击"在设计视图中创建窗体"（或者单击"新建"按钮，在弹出的"新建窗体"对话框中选择"设计视图"选项），不选择数据源，单击"确定"按钮，系统弹出窗体设计窗口。

（3）单击"工具箱"中的选项卡控件，在窗体主体节中拖曳鼠标，绘制如图 4.30 所示的选项卡控件。该控件默认为 2 个页面。我们需要的选项卡控件要有 6 个页。

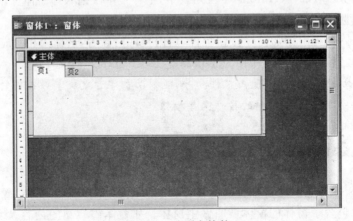

图 4.30　选项卡控件

（4）在选项卡控件上右击，弹出快捷菜单，选择"插入页"命令，在选项卡中插入 4 个页。

（5）在属性对话框中把每一页的标题分别改为"基本信息浏览"、"授课信息浏览"、"出版书籍信息浏览"、"立项信息浏览"、"论文信息浏览"与"荣誉信息浏览"，且把页的名称分别改为 Page1、Page2、Page3、Page4、Page5 与 Page6,如图 4.31 所示。

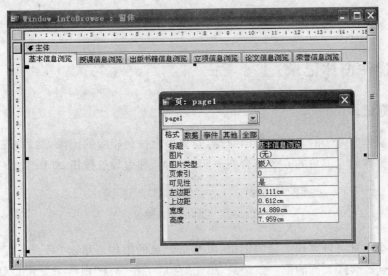

图 4.31　插入页并修改页标题的设计视图

(6) 选择"基本信息浏览"页标题,单击工具箱中的"子窗体\子报表控件"，然后在设计视图的"基本信息浏览"页中生成一个子窗体。删除子窗体的标签控件。

(7) 选择子窗体,在子窗体的属性对话框中为该子窗体设定"源对象"属性为 TIMS_TeacherInfo 表,调整子窗体的大小与主窗体的大小相近,如图 4.32 所示。

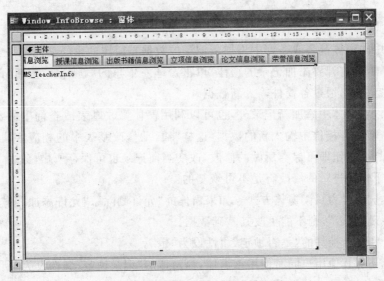

图 4.32　插入子窗体后的设计视图

(8) 重复(6)～(7),完成其他 5 项的子窗体的设计。

(9) 在主窗体的选项卡控件下添加一个标签和一个命令按钮。把窗体保存为 Window_InfoBrowse。

4.4 调整窗体

4.4.1 操作窗体记录

1. 浏览记录

要修改窗体所基于的表和查询的数据,首先要定位到相应的记录,然后才能对数据进行操作。在窗体的左下角的 6 个结合在一起的工具,称为导航按钮,如图 4.33 所示。

记录: |◀ ◀　　　　2　▶ ▶| ▶* 共有记录数: 3

图 4.33　窗体的导航按钮

利用这个工具可以实现记录的定位,以及新记录的添加。单击"第一条记录"按钮可将记录定位到源表或查询的第一条记录,单击"最后一条记录"则将记录定位到源表或查询的最后一条记录,而单击"前一条记录"和"后一条记录"按钮,则可以分别将记录定位到当前记录的前一条和后一条记录。在中间的文本框中直接输入记录号可以快速定位到指定记录。单击"新记录"按钮可以直接向源表或查询中添加新记录。

注意:记录定位工具只在"窗体"视图中存在,在"设计"视图和"数据表"视图中不存在记录定位工具。实际上在"窗体"视图中也可以隐藏记录定位工具。

2. 编辑记录

在窗体中向窗体基表或查询中添加新记录的数据是窗体的重要功能之一。为了添加一个新记录,首先打开要添加记录的窗体,单击窗体左下角的"新记录"按钮,此时窗体定位到第一个空白页,通过各控件输入新数据。

除了可以在窗体中添加新记录外,也可以利用窗体修改基表或查询中的数据。要修改数据,可直接在各控件中输入新的数据,这样将自动修改基表中的相应字段值,单击工具栏中的"保存"按钮即可保存所做的修改,改变当前记录也可保存所做修改。

但是以下情况进行的修改将是不可恢复的:

- 窗体被创建为只读窗体方式。如果窗体的"允许删除"、"允许添加"和"允许编辑"属性设为"否",则不能更改其基础数据。
- 一个和多个控件的"是否锁定"属性设为"是"。
- 可能还有其他用户同时使用该窗体,而窗体的"记录锁定"属性设为"所有记录"或"编辑的记录"。如果是这种情况,可以在记录选定器中看到锁定的记录指示器的标志。
- 可能试图编辑计算控件中的数据。计算控件显示的是表达式的结果。计算控件中显示的数据并不存储,所以不能对其进行编辑。
- 窗体所基于的查询或 SQL 语句可能是不可更新的。

- 不能在"数据透视表"和"数据透视图"视图中编辑数据。

4.4.2　数据的查找、排序和筛选

通常情况下,窗体可以显示基表或查询中的全部记录,但是如果用户仅仅关心其中某一部分记录,这时可以利用窗体的筛选和排序功能。应用窗体进行筛选和排序时可以直接利用窗体显示筛选和排序的结果,而不必另外新建一个查询。同时,在应用筛选时不仅可以对主窗体应用筛选,而且还可以对各个子窗体应用筛选。应用筛选后,用户在窗体中浏览基表或查询记录时窗体中只显示与条件匹配的记录数。

在窗体中可以使用的筛选方式有以下 4 种:

- 按选定内容筛选;
- 按窗体筛选;
- 内容排除筛选;
- 输入筛选目标筛选。

其中按选定内容筛选、按窗体筛选和内容排除筛选是筛选记录最容易的方法。如果已知被筛选记录包含的值,可使用按选定内容筛选。如果要从字段列表中选择所需的值,或者要指定多个条件,可使用按窗体筛选。内容排除筛选通过排除所选内容对记录进行筛选。若要通过排除所选内容进行筛选,可在数据表或窗体中选择一个字段或字段的一部分,然后单击"内容排除筛选"命令。输入筛选目标筛选与内容排除筛选相对应,它是通过输入字段的某一部分来对记录进行匹配的。对于更复杂的筛选可使用高级筛选/排序。

1. 按选定内容筛选

在窗体中以按选定内容筛选方式控制记录显示的具体步骤如下:

(1) 在"窗体"视图方式下打开要进行筛选的窗体。

(2) 单击要筛选的数据,然后在工具栏中单击"按所选内容筛选"按钮。

(3) 此时窗体将根据筛选进行刷新,并且窗体中只能显示符合筛选要求的记录,即通过导航按钮只能定位到筛选结果中的记录。

(4) 如果要取消筛选,可单击工具栏中的"删除筛选"按钮,此按钮与"应用筛选"是同一个按钮,只是显示状态不同。

2. 按窗体筛选

按窗体筛选方式筛选记录的操作步骤如下:

(1) 在"窗体"视图方式下打开 TeacherInfo 数据库中的 Window_TIMS_honourInfo 窗体。

(2) 单击工具栏中的"按窗体筛选"按钮或选择"记录"→"筛选"→"按窗体筛选"命令,切换到 Window_TIMS_honourInfo 窗体,如图 4.34 所示。

(3) 在 Window_TIMS_honourInfo 窗体中,单击"获奖者"字段用它作为条件,从该字段的下拉列表中选择 0001,如果条件字段没有下拉列表,可直接输入所需值的表达式。

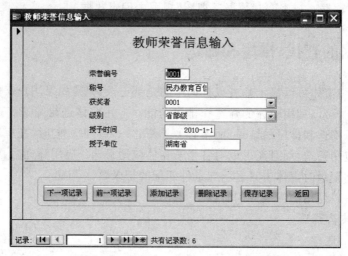

图 4.34　Window_TIMS_honourInfo 窗体

（4）单击工具栏中的"应用筛选"按钮，Access 将在窗体中显示筛选结果。

3. 输入筛选目标筛选

输入筛选目标筛选记录的步骤如下：

（1）在"窗体"视图方式下打开 TeacherInfo 数据库中的 Window_TIMS_honourInfo 窗体。

（2）右击用于指定条件的 Grantor 字段，在快捷菜单的"筛选目标"文本框中输入被筛选记录包含的字段值"湖南省"。在"筛选目标"文本框中也可以输入表达式，例如可以输入"Like "湖南省 * ""，如图 4.35 所示，筛选结果为授予单位中前三个字为"湖南省"的授予单位。

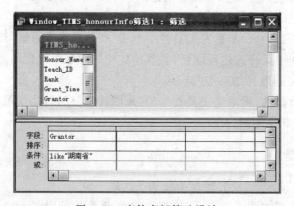

图 4.35　窗体高级筛选设计

（3）按 Enter 键以使 Access 开始筛选并关闭快捷菜单，筛选结束后将显示筛选结果。

提示：如果需要对筛选指定其他条件，需按 Tab 键，而不能按 Enter 键。按 Tab 键后，Access 进行筛选，用户可在快捷菜单中选择附加条件，如按该字段升序或降序显示筛选结果。在输入附加条件后可以连续按 Tab 键，直至得到所选记录。

4.4.3 设置背景色

Access 为用户提供了多种与颜色有关的设置,基本上对于 Access 窗体中所有部件,用户都可以专门设定其颜色。使用"背景颜色"、"边框颜色"和"前景颜色"属性,可以在 Access 中创建与其他 Windows 应用程序中的颜色方案相符的颜色方案,以便保持一致性,这在开发供多用户使用的应用程序时尤其有用。将颜色属性设置为 Windows 系统颜色,这样就可以指定一个设置,在不同用户的计算机上显示相同的颜色,显示的颜色取决于各用户在其 Windows"控制面板"中选择的颜色。

下面就介绍设置窗体中颜色属性的操作过程。

(1) 在"设计"视图中打开窗体。

(2) 打开节或控件的属性表。

(3) 在属性表中,根据设置的需要选取"背景颜色"、"边框颜色"或"前景颜色"属性。

(4) 在属性框中,输入表 4-10 中列出的数字之一。

表 4-10   Windows 系统中颜色设定

屏 幕 部 件	数 值	屏 幕 部 件	数 值
滚动条	2147483648	凸出显示	2147483635
桌面	2147483647	凸出显示文本	2147483634
活动窗口标题栏	2147483646	三维表面	2147483633
非活动窗口标题栏	2147483645	三维阴影	2147483632
菜单栏	2147483644	失效文本	2147483631
窗口	2147483643	按钮文本	2147483630
窗口边框	2147483642	非活动窗口标题栏文本	2147483629
菜单文本	2147483641	三维醒目显示	2147483628
窗口文本	2147483640	三维暗阴影	2147483627
标题栏文本	2147483639	三维浅色	2147483626
活动窗口边框	2147483638	工具提示文本	2147483625
非活动窗口边框	2147483637	工具提示背景	2147483624
应用程序背景	2147483636		

例如,要使窗体的背景与自己或其他用户使用的 Windows 背景具有相同的颜色,可将 Windows 的"背景颜色"属性值设置为 2147483643。对 Windows 系统中颜色所对应的数值有所了解会方便用户以后在创建窗体时的统一。

也可以使用 Visual Basic 应用程序将"背景颜色"、"边框颜色"和"前景颜色"属性设置为 Windows 系统颜色。

注意:Windows 系统颜色值只引用表 4-11 所列屏幕部件的颜色,而不会引用它被分配给的对象类型的颜色。例如,可以将文本框的"背景色"属性设置为滚动条、桌面或其他屏幕部件的 Windows 系统颜色。

4.4.4　窗体自动套用格式

对用户的应用程序来说，Access 窗体中还有一项功能，可以直接设置创建窗体的样式，即自动套用格式。使用自动套用格式可以十分简单地设置窗体的样式。

操作过程如下：

（1）在窗体设计视图中打开相应的窗体。

（2）根据需要先选择下列操作：

- 如果要设置整个窗体的格式，单击相应的"窗体选定器"。
- 如果要设置某个节的格式，单击相应的"节选定器"。
- 如果要设置一个或多个控件的格式，选定相应的控件。

（3）在工具栏中单击"自动套用格式"按钮，或者选择"格式"→"自动套用格式"命令，在窗口中便出现如图 4.36 所示的对话框。

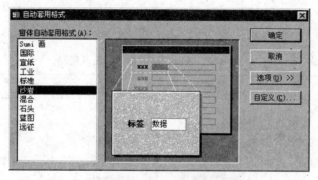

图 4.36　"自动套用格式"对话框

（4）在对话框左边窗口的列表框中单击选取某种格式，选取某种格式之后，就会在列表右边的窗口显示相应的窗体样式。

（5）通过单击"选项"按钮，会在对话框底部增加几个选项设置。用户可以指定所需的属性，如字体、颜色或边框。

（6）单击"自定义"按钮，出现如图 4.37 所示的对话框。然后在对话框中单击所需的自定义选项。

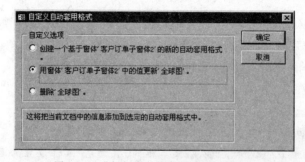

图 4.37　"自定义自动套用格式"对话框

(7) 单击"确定"按钮确定设置,关闭对话框。

　　提示：这项功能是为了给用户在开始工作时提供一个标准的工作平台,它综合了提供格式和查看在窗体中所有控件的功能。

小　　结

- 窗体可以用于数据库数据的输入、编辑、显示、查询与统计。
- 一个完整的窗体对象包含窗体页眉、页面页眉、窗体主体、页面页脚与窗体页脚 5 个部分。
- 按其应用功能的不同可分为数据交互型窗体与命令选择型窗体。
- 控件是在窗体、报表或数据访问页上用于显示数据、执行操作或作为装饰的对象。
- 控件包括文本框、标签、选项组、选项按钮、复选框、切换按钮、列表框、组合框、命令按钮、选项卡控件、图像控件、线条、矩形和 ActiveX 自定义控件等。
- 创建窗体有两种方式,一种是在窗体的"设计"视图中手工创建,另一种是使用 Access 提供的各种向导快速创建。

习　题　4

1. 单选题

(1) 下列不属于 Access 窗体的视图是_____。

　　A. 设计视图　　　B. 窗体视图　　　C. 版面视图　　　D. 数据表视图

(2) 下列不属于窗体的常用格式属性的是_____。

　　A. 标题　　　　　B. 滚动条　　　　C. 分隔线　　　　D. 记录源

(3) 如果要从列表中选择所需的值,而不想浏览数据表或窗体中的所有记录,或者要一次指定多个条件,即筛选条件,可使用_____方法。

　　A. 按选定内容筛选　　　　　　　　B. 内容排除筛选

　　C. 按窗体筛选　　　　　　　　　　D. 高级筛选/排序

(4) 在显示具有_____关系的表或查询中的数据时,子窗体特别有效。

　　A. 一对一　　　　B. 一对多　　　　C. 多对多　　　　D. 复杂

(5) 窗体有三种视图,分别为设计视图、窗体视图和_____。

　　A. 报表视图　　　B. 数据表视图　　C. 查询视图　　　D. 大纲视图

(6) 下列不属于窗体类型的是_____。

　　A. 纵栏式窗体　　B. 表格式窗体　　C. 开放式窗体　　D. 数据表窗体

(7) Access 提供的筛选记录的常用方法有三种,以下_____不是常用的。

　　A. 按选定内容筛选　　　　　　　　B. 内容排除筛选

C. 按窗体筛选　　　　　　　　　　D. 高级筛选/排序

（8）为窗体上的控件设置 Tab 键的顺序,应选择属性表中的_____。

　　A. 格式选项卡　　　　　　　　　B. 数据选项卡

　　C. 事件选项卡　　　　　　　　　D. 其他选项卡

（9）假定已设计好了一个窗体,在窗体视图中显示此窗体,如图 4.38 所示。

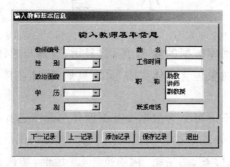

图 4.38　输入教师基本信息窗体

在设计视图中设置此窗体的"格式"属性,设置正确是_____。

A.
B.

C.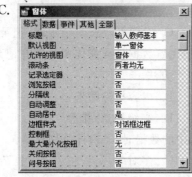
D.

（10）确定一个控件在窗体或报表中的位置的属性是_____。

　　A. Width 或 Height　　　　　　B. Width 和 Height

　　C. Top 或 Left　　　　　　　　D. Top 和 Left

（11）如图 4.39 所示,窗体的名称为 fmTest,窗体中有一个标签和一个命令按钮,名称分别为 Label1 和 bChange。

在"窗体视图"中显示窗体时,窗体中没有记录选定器,应将窗体的"记录选定器"属性

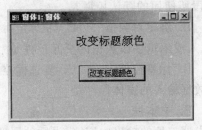

图 4.39　窗体

值设置为_____。

  A. 是   B. 否   C. 有   D. 无

  (12) 假设已在 Access 中建立了包含"书名"、"单价"和"数量"三个字段的 tOfg 表,以该表为数据源创建的窗体中,有一个计算订购总金额的文本框,其控件来源为_____。

  A.〔单价〕＊〔数量〕

  B.＝〔单价〕＊〔数量〕

  C.〔图书订单表〕!〔单价〕＊〔图书订单表〕!〔数量〕

  D.＝〔图书订单表〕!〔单价〕＊〔图书订单表〕!〔数量〕

  (13) "特殊效果"属性值用于设定控件的显示效果,下列不属于"特殊效果"属性值的是_____。

  A. 平面   B. 凸起   C. 蚀刻   D. 透明

  (14) Access 窗体中的文本框控件分为_____。

  A. 计算型和非计算型   B. 结合型和非结合型

  C. 控制型和非控制型   D. 记录型和非记录型

  (15) 可以作为窗体记录源的是_____。

  A. 表   B. 查询

  C. SELECT 语句   D. 表、查询或 SELECT 语句

  (16) 既可以直接输入文字,又可以从列表中选择输入项的控件是_____。

  A. 选项框   B. 文本框   C. 组合框   D. 列表框

  (17) 某窗体中有一命令按钮,在"窗体视图"中单击此命令按钮,运行另一个应用程序。如果通过调用宏对象完成此功能,则需要执行的宏操作是_____。

  A. RunApp B. RunCode C. RunMacro D. RunSQL

  (18) 窗口事件是指操作窗口时所引发的事件。下列事件中,不属于窗口事件的是_____。

  A. 打开   B. 关闭   C. 加载   D. 取消

  (19) Access 数据库中,若要求在窗体上设置输入的数据是取自某一个表或查询中记录的数据,或者取自某固定内容的数据,可以使用的控件是_____。

  A. 选项组控件   B. 列表框或组合框控件

  C. 文本框控件   D. 复选框、切换按钮、选项按钮控件

  (20) 在 Access 中已建立了"雇员"表,其中有可以存放照片的字段。在使用向导为

该表创建窗体时，"照片"字段所使用的默认控件是_____。

    A. 图像框   B. 绑定对象框   C. 非绑定对象框   D. 列表框

(21) 在窗体中，用来输入或编辑字段数据的交互控件是_____。

    A. 文本框控件   B. 标签控件   C. 复选框控件   D. 列表框控件

(22) 能够接受数值型数据输入的窗体控件是_____。

    A. 图形   B. 文本框   C. 标签   D. 命令按钮

(23) 要改变窗体上文本框控件的输出内容，应设置的属性是_____。

    A. 标题   B. 查询条件   C. 控件来源   D. 记录源

(24) 在窗体设计工具箱中，代表组合框的图标是_____。

    A. ◉   B. ☑   C. ▭   D. 国

(25) 下面关于列表框和组合框的叙述正确的是_____。

    A. 列表框和组合框可以包含一列或几列数据

    B. 可以在列表框中输入新值，而组合框不能

    C. 可以在组合框中输入新值，而列表框不能

    D. 在列表框和组合框中均可以输入新值

(26) 要在文本框中显示当前日期和时间，应当设置文本框的控件来源属性为_____。

    A. ＝Date()   B. ＝Time()   C. ＝Now()   D. ＝Year()

(27) 下述有关选项组叙述正确的是_____。

    A. 如果选项组结合到某个字段，实际上是组框架内的复选框、选项按钮或切换按钮结合到该字段上

    B. 选项组中的复选框可选可不选

    C. 使用选项组，只要单击选项组中所需的值，就可以为字段选定数据值

    D. 以上说法都不对

(28) 若要求在文本框中输入文本时达到密码"＊"号的显示效果，则应设置的属性是_____。

    A. "默认值"属性   B. "标题"属性

    C. "密码"属性   D. "输入掩码"属性

2. 填空题

(1) 在表格式窗体、纵栏式窗体和数据表窗体中，将窗体最大化后显示记录最多的窗体是_____。

(2) 窗体由多个部分组成，每个部分称为一个_____。

(3) 窗体中的数据来源主要包括表和_____。

(4) 纵栏式窗体将窗体中的一个显示记录按列分隔，每列的左边显示_____，右边显示字段内容。

(5) 窗体由多个部分组成，每个部分称为一个_____。

(6) 组合框和列表框的主要区别是：是否可以在框中_____。

（7）在设计窗体时使用标签控件创建的是单独标签，它在窗体的_____视图中不能显示。

实　验　4

实验目的：构造高校教师信息管理系统的窗体，熟悉窗体的设计。

实验要求：按照窗体设计要求，设计好每个窗体。

实验学时：4 课时

实验内容与提示：

（1）为高校教师信息管理系统设计如图 4.40 所示的主窗体，窗体名为 Window_Main。

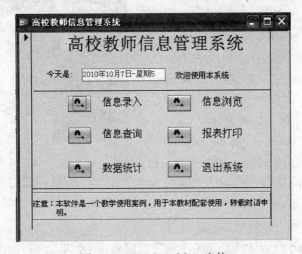

图 4.40　Window_Main 窗体

提示：各控件的属性如表 4-11 与表 4-12 所示，其他属性为默认值。

表 4-11　窗体属性设置

标　　题	自动居中	导航按钮	滚动条	记录选择器
高校教师信息管理系统	是	否	两者均无	无

表 4-12　标签属性设置

名称	标　　题	字体	字号	对齐方式
Label0	高校教师信息管理系统	新宋体	20	自动居中
Label1	今天是：	宋体	9	常规
Label2	欢迎使用本系统	宋体	9	常规
Label3	信息录入	宋体	12	常规
Label4	信息浏览	宋体	12	常规

名称	标　　题	字体	字号	对齐方式
Label5	信息查询	宋体	12	常规
Label6	报表打印	宋体	12	常规
Label7	数据统计	宋体	12	常规
Label8	退出系统	宋体	12	常规
Label9	注意:本软件是一个教学使用案例,用于本教材配套使用,转载时请申明。	宋体	9	常规

命令按钮属性设置为:从上到下,从左到右,名称分别是 Command1、Command2、Command3、 Command4、 Command5 与 Command6。

文本框的控件来源为: ＝Year(Date()) & "年" & Month(Date()) & "月" & Day (Date()) & "日" & "—星期" & Weekday (Date())。

(2) 请分别建立如下二级窗体。

① 窗体名称为 Window_InfoInputSub,命令按钮的名字也依次为 Command1、Command2、Command3、Command4、Command5、Command6 与 Command7,如图 4.41 所示。

图 4.41　Window_InfoInputSub 窗体

② 请 按 本 章 例 4-6 建 立 窗 体 名 为 Window_InfoBrowse 的信息浏览窗体。命令按钮名为 Command1,如图 4.42 所示。

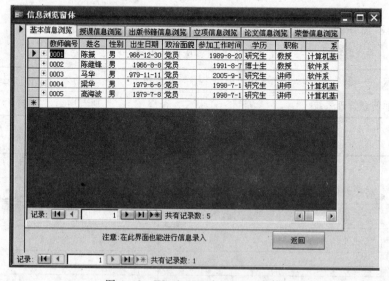

图 4.42　Window_InfoBrowse 窗体

③ 信息查询窗体 Window_InfoQuery，命令按钮的名字也依次为 Command1、Command2、Command3、Command4、Command5、Command6、Command7 与 Command8，如图 4.43 所示。

图 4.43　Window_InfoQuery 窗体

④ 请按本章例 4-6 建立窗体名为 Window_InfoCount 的信息统计窗体。命令按钮名为 Command1。4 个子窗体的源对象分别为 Title_TechicalCount、Paper_Count、Project_Count 与 Publication_Count 查询，如图 4.44 所示。

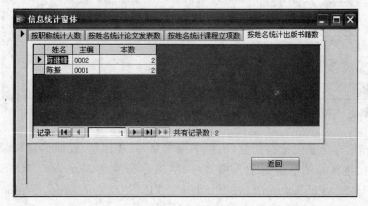

图 4.44　Window_InfoCount 窗体

⑤ 信息打印窗体 Window_Reprot，命令按钮的名字也依次为 Command1、Command2、Command3、Command4、Command5、Command6 与 Command7，如图 4.45 所示。

（3）为高校教师信息管理系统设计如图 4.46 所示的信息录入窗体。

① 教师基本信息录入窗体，如图 4.46 所示。

提示：首先利用向导建立纵栏式窗体，然后在设计器中打开该窗体进行修改。修改的项目为调整字段标签与文本框的位置，添加"教师基本信息录入"标签，添加相应的命令按钮。窗体保存为 Window_TIMS_TeacherInfo。命令按钮的名称从左到右依次为 Command1、Command2、Command3、Command4、Command5 与 Command6。

图 4.45　Window_Reprot 窗体

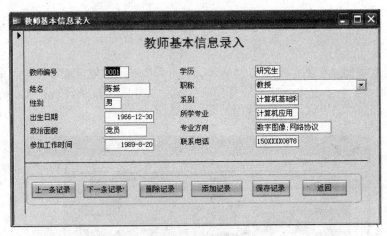

图 4.46　Window_TIMS_TeacherInfo

②　用同样的方法建立论文信息、出版书籍信息、立项信息、授课信息与荣誉信息录入窗体,窗体格式与教师基本信息录入格式一样,名字分别为 Window_TIMS_PaperInfo、Windows_TIMS_PublicationInfo、Window_TIMS_ProjectInfo、Window_TIMS_LectureInfo 与 Window_TIMS_honourInfo。

（4）请建立信息查询输出窗体,窗体数据源为相应的查询。

第 5 章　报表

报表是 Access 提供的一种数据库对象,该对象可以将数据库中的数据以格式化的形式显示或打印输出。报表的数据源可以是已有的数据表、查询或 SQL 语句,但报表与窗体不同,报表只能查看数据而不能编辑数据。本章将学习报表有关的内容。

主要学习内容
- 报表的基本知识;
- 报表的创建;
- 报表的编辑;
- 报表的打印。

5.1　报表基础知识

在学习使用 Microsoft Access 报表之前,我们先来了解报表的基本知识。

5.1.1　报表的功能

在 Access 中要以打印格式来显示数据,使用报表是一种有效的方法,因为报表为查看和打印提供了最灵活的方法。报表的主要功能如下:

(1) 以格式化形式显示与打印数据。

(2) 对数据进行分组与汇总。

(3) 输出标签、发票、订单和信封等多种样式的报表。

(4) 进行计数、求平均值、求和等统计计算。

(5) 可以嵌入图像或图片来丰富数据的显示与打印。

注意:报表不能添加、删除或修改数据库中的数据。

5.1.2　报表的视图

Access 为报表操作提供了"设计"视图、"打印预览"视图和"版面预览"3 种视图。其中"设计"视图用于创建和编辑报表的结构;"打印预览"视图用于查看报表的页面数据的输出形式;"版面预览"视图用于查看报表的版面设置。三种视图的切换可通过工具栏的"视图"按钮来完成的。

5.1.3　报表的组成

报表分别由报表页眉、报表页脚、页面页眉、页面页脚与报表主体5节组成,如图5.1所示。其中报表主体还包括它的标头和注脚。报表的每一个节都有其特定的目的,而且按照一定的顺序打印在页面及报表上。报表就是利用其不同的组成部分,将从数据库的数据中所提取的信息,有机地展现在用户的面前。用户对报表所进行的设计也就是围绕着这些组成部分进行编辑。

图5.1　报表设计视图

1. 报表的页眉

报表页眉的主要作用是便于用户搞清楚报表数据信息的主体,因此,用户需要利用某些装饰控件(如线条、方框)以及特殊的效果(如阴影和颜色等)对报表页眉进行装饰,以突出报表的主题。一个典型的报表页眉包括报表标题以及日期和公司标识等。

2. 报表的页脚

报表页脚位于一个报表设计视图中的最底部,是在所有记录数据和报表主体都输出之后打印在报表的结束处。在输出时和报表页眉一样,只出现一次。

典型的报表页脚一般用于显示记录的汇总结果,如记录的总计数、平均值和百分比等。当在报表页脚中添加了输出的内容,最后一页中的页面页脚会在报表页脚的输出内容之后输出。

3. 页面页眉

页面页眉中的文本或字段控件等内容通常出现在报表的每页顶端,位于页眉栏和报表主体栏之间。典型的页眉包括页数、报表标题或字段标签等。

4. 页面页脚

页面页脚通常包含页码或总计。如在一个很大的报表中,报表主体中的记录很多,如果报表输出时要求在每页中包含有一个统计数字,这就需要在报表设计中既包含页码总数又有报表主体中被分组的记录总数,这就要求设计页面页脚。一般来说,在显示页面页脚时,采用将文本控件 Page 与表达式 Page 结合在一起打印出页码,页码文本框中的内容一般为"="第 " &[Page]& " 页""。

5. 报表主体

报表主体用于显示当前表或查询中的每条记录的详细信息。也可以利用计算字段对每行数据进行某种计算。表 5-1 列出了报表中节的具体位置与作用。

表 5-1　报表中节的具体位置和作用

节		报表中位置	作　用
报表页眉		只出现在报表开始的位置	在报表中显示标题、徽标、图片及其他报表的标识物
页眉		位于每页的最上部	显示字段标题、页号、日期和时间
报表主体	组标头	位于每个字段组的开始处,需对字段排序或分组的地方	显示标题和总结性的文字
	主体内容	每个有下划线的记录都有相对应的详细内容	显示记录的详细内容
	主体注脚	位于每个字段的末端,报表主体之后和页脚之前	显示计算和汇总信息
页脚		位于每页的最下部	可以是日期、页号、报表标题、其他信息
报表页脚		只出现在报表结束位置	总结性文字

5.1.4　报表的分类

在 Microsoft Access 中,创建的报表可以分为 4 种基本类型,它们分别是:
- 纵栏式:纵栏式是数据表中的字段名纵向排列的一种数据报表。
- 表格式:表格式是字段名横向排列的数据报表。
- 标签式:标签式是将每条记录中的数据按照标签的形式输出的报表。
- 图表式:图表式是用图形来显示数据表中的数据或统计结果的报表。

5.1.5　报表控件

报表中的控件与窗体控件作用与使用方法相同,分为三种:
- 绑定控件:与表或查询中字段相连,主要用于显示数据库中的数据,如文本框等。

- 未绑定控件：没有数据源，主要用来显示说明性信息或装饰元素，如分隔线等。
- 计算控件：以表达式作为数据源，表达式中可以使用报表数据源中的字段。

5.2 创 建 报 表

5.2.1 使用"自动报表"创建报表

与窗体的新建功能类似，在报表的"新建报表"对话框中也同样有两项自动创建报表的选项。利用自动创建报表选项可以创建报表，该报表能够显示基本表或查询的所有字段和记录。

下面举例介绍自动创建报表的过程。

例 5-1　为 TIMS_TeacherInfo 表创建一个自动报表。操作过程如下：

（1）单击数据库窗口中的"报表"标签。

（2）直接单击"新建"按钮，启动"新建报表"对话框。

（3）在"新建报表"对话框中，选择自动创建报表向导之一"自动创建报表：表格式"。

（4）在对话框中的"选择此对象数据的来源表或查询"列表框中单击选取包含报表所需数据的表或查询。在本示例中选择 TIMS_TeacherInfo 表作为报表的数据源对象。

（5）最后单击"确定"按钮，系统将自动地创建所选报表类型，如图 5.2 所示。

TIMS_TeacherInfo

教师编号	姓名	性别	出生日期	政治面貌	参加工作时间	学历	职称	系别	所学专业	专业方向	联系电话
0001	陈振	男	1966-12-30	党员	1989-8-20	研究生	教授	计算机基础科学系	计算机应用	数字图像	150XXXX0878
0002	陈继锋	男	1966-8-8	党员	1991-8-7	博士生	教授	软件系	计算机应用	软件测试	131XXXX0789
0003	马华	男	1979-11-11	党员	2005-9-1	研究生	讲师	软件系	计算机应用	数据流	133XXXX5666
0004	梁华	男	1979-6-6	党员	1998-7-1	研究生	讲师	计算机基础科学系	计算机应用	网络协议	158XXXX7676
0005	高海波	男	1979-7-8	党员	1998-7-1	研究生	讲师	计算机基础科学系	计算机应用	无线网	123XXXX8989

图 5.2　利用"自动创建报表：表格式"创建的报表

使用自动创建报表向导是在 Microsoft Access 中最快捷的创建报表的方法，用户可以根据需要，先利用自动创建报表向导创建一个报表轮廓，再在此基础之上设计所需的报表。

注意：Microsoft Access 在创建报表时将套用用户在报表中最后一次使用的自动套用格式。如果不曾使用过向导来创建报表或还没使用过"格式"→"自动套用格式"命令，Access 将使用"标准"自动套用格式创建自动报表。

5.2.2 利用"报表向导"创建报表

由于报表向导可以为用户完成大部分报表设计的基本操作，因此，它能够加快报表的设计速度。因此,用户一般采用"报表向导"来快速配置所需的报表框架,然后再切换到"设计"视图对其进行编辑与修改。这种方法不但可以节省大量的时间,提高效率,而且还可以帮助初学者对报表组件有个全面的了解过程。

像窗体向导一样,报表向导同样为用户提供了报表的基本布局,然后根据需要可以进一步地设计它。使用报表向导作为设计报表的起点,可以使报表的创建变得更为容易。在使用报表向导时,用户一步一步地通过系统提供的一系列与创建报表有关的对话框将自己的设计思想引入,然后系统便会在所接收到信息的基础之上自动完成报表设计。下面我们就介绍使用报表向导设计报表的过程。

例5-2 用报表向导为 TIMS_TeacherInfo 与 TIMS_LectureInfo 表创建表格式报表。

操作过程如下:

(1) 单击数据库窗口中的"报表"标签。

(2) 单击"新建"按钮。

(3) 在"新建报表"对话框中单击列表的第二项,即报表向导。在此处可以不选择报表所需数据源的基表或查询。单击"确定"按钮之后,系统将启动 Access 的"报表向导"功能。

(4) 报表向导的一个对话框,如图 5.3 所示。在该对话框中,根据需要先选取数据库中一个或多个基表或查询作为报表的数据来源,再从中选取相应的字段,报表所需的字段都应该添加到对话框中的"选定字段"列表框中。在此,将在此报表中输出 TIMS_TeacherInfo 表的 Name 字段与 TIMS_LectureInfo 表的全部字段,在该对话框中,选取的字段如图 5.3 所示。选择完毕之后,单击"下一步"按钮。

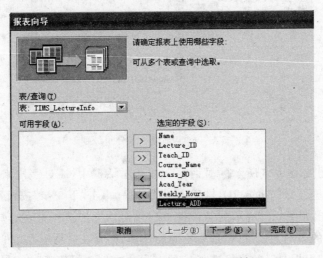

图 5.3 选择报表的数据来源对话框

(5) 系统弹出如图 5.4 所示的对话框,该对话框为用户提供了查看上一步中所选字段数据的方式。在此选择 TIMS_TeacherInfo 表,单击"下一步"按钮。

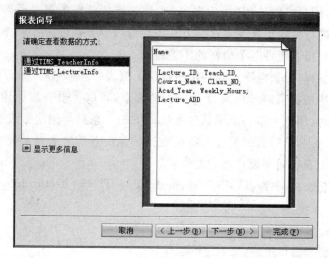

图 5.4　设置在报表中查看数据的方式

（6）系统弹出如图 5.5 所示的确定是否添加分组级别的对话框。在此不添加，单击"下一步"按钮。

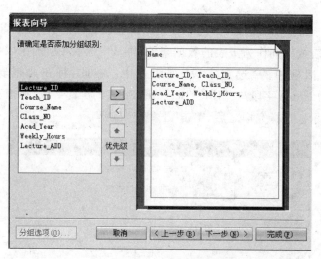

图 5.5　确定是否添加分组级别

（7）系统弹出如图 5.6 所示的对话框。在该对话框中，通过字段来设定报表中记录的排列顺序。这里选择 Teach_ID，排序方式为升序，单击"下一步"按钮。

（8）系统弹出如图 5.7 所示的对话框。在该对话框中选择报表布局方式，系统一共提供了 6 种不同的布局方式，可以选取不同的选项，同时在对话框左边的演示窗格中查看不同样式的情况，根据自己的喜好选择一种布局。本例选择第 5 种布局样式——左对齐1。选择完毕之后，单击"下一步"按钮。

（9）系统弹出如图 5.8 所示的对话框，在该对话框中完成报表标题样式的设置，在此，选择"组织"选项。选择完毕之后，单击"下一步"按钮。

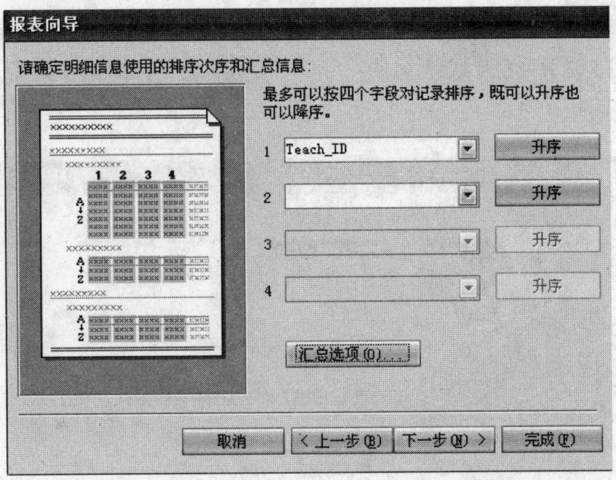

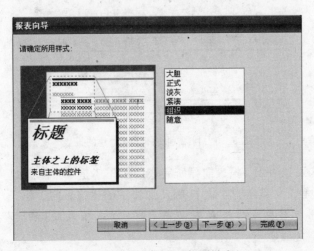

图 5.6 确定明细信息使用的排序次序和汇总信息

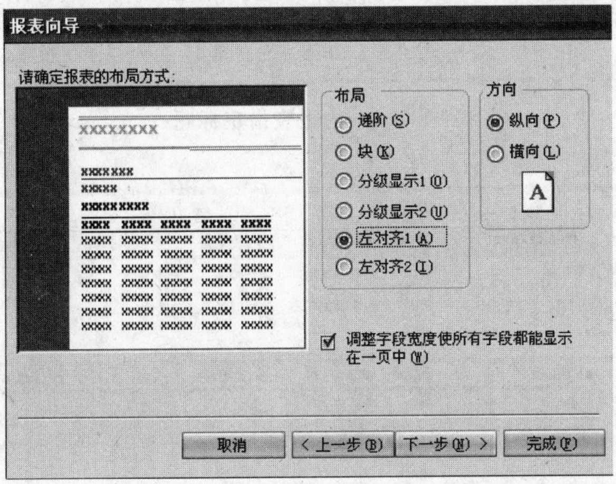

图 5.7 设定创建报表的布局方式

图 5.8 设定报表的标题样式

（10）最后便会出现设置报表标题向导的最后一个对话框，如图 5.9 所示。在此输入新建报表的名称或接受系统的默认名称，单击"完成"按钮即可结束报表向导。此时，生成如图 5.10 所示的报表。

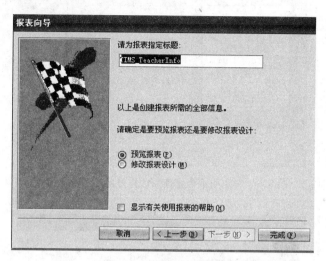

图 5.9　为报表指定标题

姓名				陈振			
教师编号	**授课**	**课程名称**	**授课班级**	**授课**	**学时**	**授课地点**	
0001	0002	高级网络技术	计网0903	2009	4	7205	
0001	0001	大学计算机基	计科0901	2009	4	7306	
姓名				陈继锋			
教师编号	**授课**	**课程名称**	**授课班级**	**授课**	**学时**	**授课地点**	
0002	0004	软件测试	计科0901	2009	2	6415	
0002	0003	高级程序设计	计软0901	2009	4	7305	
姓名				马华			
教师编号	**授课**	**课程名称**	**授课班级**	**授课**	**学时**	**授课地点**	
0003	0006	Java程序设计	计软0802	2009	4	7214	
0003	0005	C#	计科0801	2009	4	7316	
姓名				梁华			
教师编号	**授课**	**课程名称**	**授课班级**	**授课**	**学时**	**授课地点**	
0004	0008	Access数据库	材料0001	2010	4	8215	
0004	0007	网络构架	计网0903	2009	4	7205	
姓名				高海波			
教师编号	**授课**	**课程名称**	**授课班级**	**授课**	**学时**	**授课地点**	
0005	0009	计算机应用基	会计0901	2009	4	2316	

图 5.10　利用"报表向导"创建的报表

从设计的报表可以看出：报表向导所完成的工作还是令人满意的。由此可见，"报表向导"可以为用户完成大部分基本操作，因此加快了创建报表的过程。

注意：如果用户对生成的报表不太满意，可以在报表的"设计"视图中对其进行修改。

5.2.3 使用"图表向导"创建报表

Microsoft Access 中的图表向导既可以在窗体中使用,也可以在报表中使用。在此介绍有关 Access 中的图表。

探究其实质,Access 中的图表是使用 Microsoft Graph 应用程序(包含在 Access 应用程序中)生成或其他的 OLE 应用程序来建立的。使用 Graph 应用程序,可以根据数据库的表或查询中的数据来绘制出数据图表。Access 中的图表可以有多种样式,如直方图、饼图、线条图、面积图或其他的图形,还可以是二维或三维图形。

由于 Graph 应用程序也是一个导入 OLE 应用程序,所以它本身不能独立工作,必须在 Access 内部运行。在导入了一个图表之后,可以像处理其他 OLE 对象那样来处理该图表。通过双击图表,可以从窗体或报表的"设计"视图中对其进行编辑,另外,还可以从窗体的"窗体"或"数据表"视图中编辑图表。下面将介绍如何使用报表中的图表向导创建所需的图表。

例 5-3　已知一个数据库已建查询,以查询为数据源,使用"图表向导"创建图表报表。

操作过程如下:

(1) 单击数据库窗口中的"报表"标签,单击"新建"按钮。在"新建报表"对话框中单击"图表向导"。在"选择该对象数据的来源表或查询"中选择"查询1"。

(2) 单击"确定"按钮之后,系统将启动 Access 的"图表向导",出现如图 5.11 所示的对话框。

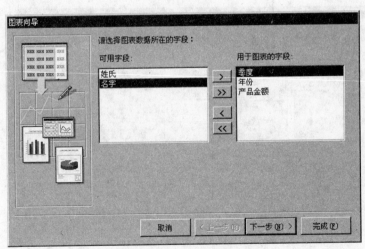

图 5.11　设定数据字段

(3) 在对话框中选择创建的图表中所包含的数据字段。这里从"查询1"数据表选取"年份"、"季度"和"产品金额"字段作为将要创建的图表数据来源。选择完毕之后,单击"下一步"按钮。

（4）进入图 5.12 所示的图表类型的选择对话框。在该对话框的左边共列出了系统提供的 20 种图表类型,可以单击左边的图形按钮,某种图表类型被选定之后,图形按钮会处于被按下状态;而且当一种图表类型被选中,对话框的右边的文本框中就会显示与之相对应的说明文本。单击"下一步"按钮。

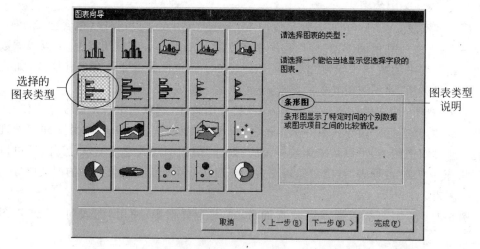

图 5.12　选择图表类型

（5）进入图 5.13 所示的设置图表布局方式的对话框。在进入该对话框时,可以看到系统对图表的布局已经有了一个默认设置,可以根据需要对图表的布局方式进行调整。

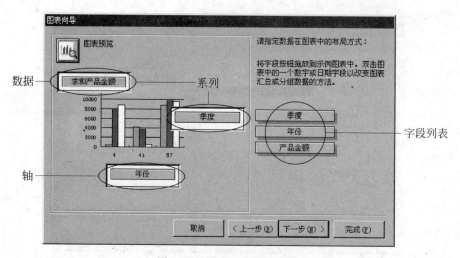

图 5.13　设定图表布局方式

对图表的设计主要是对图表的三个组成区域:数据（X 轴）、轴（Y 轴）和系列（图例）进行设定,指定各个组成区域所对应的字段。可以将对话框右侧显示的字段通过拖曳添加到图表的各个区域中,当将一个字段拖曳到某个区域中,对话框中的图表演示图就会发生变化。

对于数字和日期型的字段可以在对话框中被进一步地定义，即对其分组方法进行设定。在本示例中，如果双击图表中"数据"区域的"产品金额"字段，将会弹出图 5.14 所示的"汇总"对话框，可以从该对话框中选取列表中的汇总类型。

图 5.14　"汇总"对话框

用户如果想了解图表设计后的输出样式，则可以单击对话框中的"图表预览"按钮，则会出现图 5.15 所示的"示例预览"对话框，在对话框中显示了图表在设计之后的输出样式。如果对图表有不满意的地方，可以重新回到对话框中对图表再次进行设计。

（6）当图表的设计满意之后，单击"下一步"按钮后进入最后一个对话框，在此只需要输入新建图表的名称，或接受系统的默认名称即可。最后单击"完成"按钮结束图表向导。

单击"完成"按钮之后系统开始根据用户的要求真正创建图表，等待一段时间之后，Access 窗口中出现一个报表，新建的图表位于其中。在本示例中，创建的图表如图 5.16 所示，可以看到图表向导所完成的工作还是令人满意的。

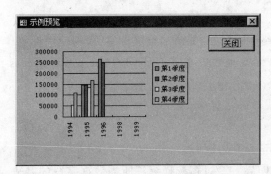

图 5.15　"示例预览"对话框

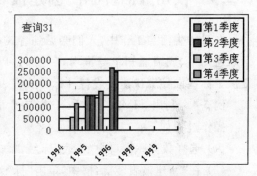

图 5.16　利用"图表向导"创建的图表示例

提示：在对图表布局进行设置时，一般 X 轴的字段变量是一个日期型或文本型的字段；Y 轴字段一般都是一个数字型的字段，或者就是某些字段的计数统计值。

注意：对于组成图表的三个区域，可以把相同字段放入两个不同的区域。

如果用户对报表中生成的图表仍需改进，可以在报表设计视图中对其进行修改。在设计视图中双击图表对象，则系统会自动启动有关图表的电子数据表格，同时 Access 中的工作窗口也会相应的发生变化，如图 5.17 所示。用户可以对图表进行编辑，如可以变换图表类型、添加文本、修改图表坐标轴或添加和修改数据。

如果你学过 Office 办公软件的组件 Excel，你会发现 Access 图表的创建过程与 Excel 图表创建过程极其相似。

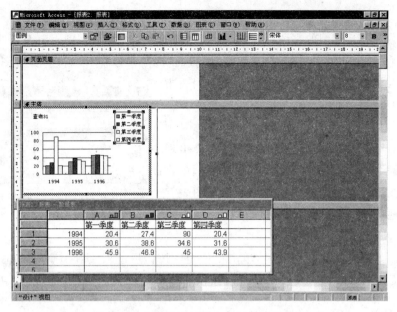

图 5.17 报表设计视图中的图表设计界面

5.2.4 使用"标签向导"创建报表

在日常生活与工作中,人们会见到各式各样的标签,如商品价格标签、仪器使用标签、录取通知书、成绩通知单与准考证等都是以标签报表的形式打印的。Microsoft Access 提供了标签向导来快速生成各种标签式报表。

例 5-4 利用 TIMS_TeacherInfo 表生成教师信息卡。

操作过程如下:

(1) 选择数据库窗口中"报表"标签,单击"新建"按钮。

(2) 在"新建报表"对话框中,单击"标签向导"。然后,选择标签所需数据字段的基表或查询为 TIMS_TeacherInfo 表。选择完毕之后,单击"确定"按钮。

(3) 系统将启动 Access 的"标签向导"功能,弹出如图 5.18 所示的对话框。在该对话框中选择或自定义标签的尺寸。在对话框中的"横标签号"是指横向打印标签的个数。此处采用默认值。

(4) 单击"下一步"按钮来设定标签中的字体属性,如字体、颜色等,此处采用默认值。在图 5.19 所示的对话框中,用户可以向标签中添加字段。输入自己的标签样式之后,单击"下一步"按钮。

(5) 弹出设定标签内容的对话框,内容设置如图 5.19 所示。

注意:在原型标签文本框中既可输入标签内容,也可以选择可用字段列表中的字段。

(6) 单击"下一步"按钮,弹出设置排序字段的对话框。此处选择按 Teach_ID(编号)排序,如图 5.20 所示。

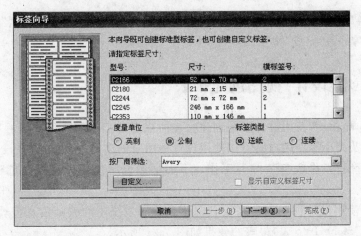

图 5.18　设置标签尺寸

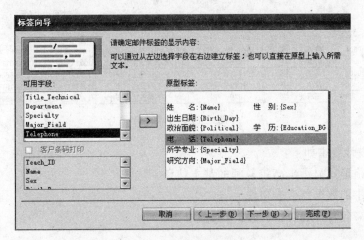

图 5.19　设置标签内容

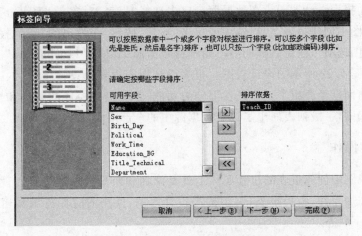

图 5.20　设置标签字段的排列顺序

（7）单击"下一步"按钮，弹出报表保存对话框。在文本框中输入表名"标签 TIMS_TeacherInfo"，单击"完成"按钮，显示标签式报表内容。

5.2.5 使用"设计"视图创建报表

与报表向导相比，使用设计视图创建报表的优点在于能够让用户随心所欲地设定报表形式、外观及大小等。用户既可以使用设计视图来创建报表，也可以在设计视图中打开已有报表进行编辑、修改与装饰等工作。下面举例说明使用设计视图创建报表的操作过程。

例 5-5 使用设计视图创建高校教师信息管理系统中的教师信息报表，报表的数据源为 TIMS_TeacherInfo 表，报表的效果如图 5.21 所示。

XX学院教师信息表

制表时间:2010年10月

教师编号	姓名	性别	出生日期	参加工作时间	学历	职称	专业	联系电话
0001	陈振	男	1966-12-30	1989-8-20	研究生	教授	计算机应用	150XXXX0878
0002	陈继锋	男	1966-8-8	1991-8-7	博士生	教授	计算机应用	131XXXX0789
0003	马华	男	1979-11-11	2005-9-1	研究生	讲师	计算机应用	133XXXX5666
0004	梁华	男	1979-6-6	1998-7-1	研究生	讲师	计算机应用	158XXXX7676
0005	高海波	男	1979-7-8	1998-7-1	研究生	讲师	计算机应用	123XXXX8989

图 5.21 报表效果

报表的设计要求如下：
- 以表格形式显示出高校教师的基本信息。
- 报表中的数据行含表格线。
- 报表需包含标题、页码与总页码信息。

1. 启动设计视图

首先启动报表设计视图。在数据库窗口中选择"报表"对象，然后双击数据库窗口中的"在设计视图中创建报表"快捷选项或单击"新建"按钮，在弹出的"新建报表"对话框中选择"设计视图选项"，在对话框的右下角选择数据源"TIMS_TeacherInfo"。单击"确定"按钮，弹出如图 5.22 所示的设计视图。报表设计视图主要由设计工作区、工具箱与字段列表组成。前面已经介绍了工作区各部分的功能，工具箱中控件的种类和工具箱的使用方法与窗体相同，字段列表列出了选定数据源中的全部字段。

2. 控件操作

在设计视图中创建报表的过程实际上就是添加和布局控件的过程。现在，根据需要向工作区中添加控件，布局报表，为了提高设计效率，操作前应保持工具箱中的"控件向导"按钮为按下状态。

（1）添加报表标题

报表的标题只需出现在整个报表的顶端，应放置在工作区的"报表页眉"节中。使用

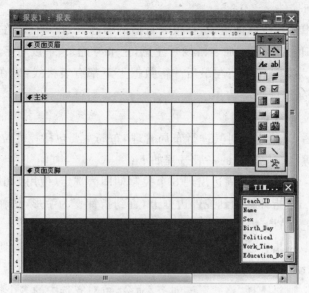

图 5.22　设计视图

工具箱中的标签控件可设置报表标题。

① 单击工具箱中的"标签控件",将光标移入报表页眉区,再按下左键,拖出一个文本框。在文本框中输入"XX 学院教师信息表"。

② 在文本框外任意位置单击,然后单击文本框边界,选中整个文本框并右击,弹出属性对话框,设置文本颜色、字型与字号等格式。

说明:工具箱中其他控件使用方法与标签控件相似,后面操作过程中不再详述。

（2）添加页面页眉

XX 学院教师信息表是以表格形式显示数据的,每一页应出现一个表头即字段标签。页标题应放在"页面页眉"中。页标题也是通过标签控件添加,过程与表标题相似。

（3）添加字段信息

将要在报表中显示的字段从字段列表中拖入工作区的"主体"节中,并调整字段名的位置。拖入后删除字段名前的标签。

（4）添加页码信息

因页码每页都有,因此必须放在工作区的"页面页脚"节中。添加页码的操作过程是:选择"插入"→"页码"命令,弹出"页码设置"对话框。根据要求选择页码样式和放置位置,单击"完成"按钮。

（5）添加计算控件

此报表中的"制表时间"就是该报表的打印或显示时的时间。制表时间就是一个文本框控件,该文本框控件的"控件来源"设为"=" 制表时间:" & Year(Date()) & "年" & Month(Date()) & "月" & Day(Date()) & "日"",Date()是一个系统函数,它能求出系统当前日期。输入时"="号不可缺少。

（6）添加修饰控件

利用工具箱中的直线修饰报表，在报表页眉的标题下划一直线，在直线的属性对话框中设置直线的粗细为"3 点"。加表格线时注意，记录与记录、字段与字段之间的直线控件应放在主体节中，为保证第一行与最后一行数据上下都有表格线，应在主体节中的"字段名"行上下各放一条横线。

（7）控件布局

控件添加好后，一般需要对其进行布局管理，布局主要包括控件位置移动、大小改变、对齐与设定间距等。布局控件的一般过程如下：

① 选定控件：单击控件，周边出现 8 个控制柄即为选定（使用 Shift 键可选多个）。

② 移动控件：将指针移动到控件边框上，直到指针变为手形，按住鼠标右键，拖动到新位置。按住左上角的大控制柄移动鼠标，也可移动控件。

③ 缩放控件：将指针放到控制柄上（左上角大控制柄除外），直到指针变为双箭头，按住鼠标左键，拖动可改变控件大小。

④ 对齐控件：通过选择"格式"→"对齐"命令，可对齐选中的多个控件。

⑤控件间距：通过选择"格式"→"水平间距"命令与"垂直间距"命令，可改变控件间的间距。

通过上述操作，最终的设计视图结果如图 5.23 所示。

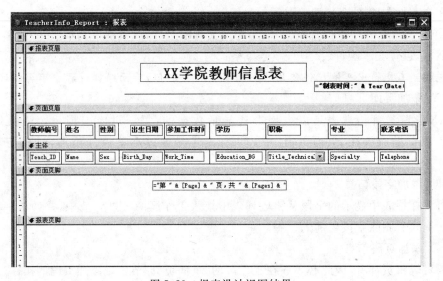

图 5.23　报表设计视图结果

注意：为了让读者看清楚控件布局，取消了本设计视图的网格。本报表的纸张方向为"横向"，此项是在页面设置中设定的。

（8）保存报表

报表设计完成后，关闭设计视图窗口，把报表命名为 TeacherInfo_Report，并保存该报表。

5.2.6 快捷键

在 Access 的报表"打印预览"视图和"布局预览"视图中可以使用系统已经定义的快捷键来加快一些常用操作的速度,具体参见表 5-2。

表 5-2　在报表"打印预览"视图和"布局预览"视图中的快捷键

操　作　目　的	快　捷　键
打开"打印"对话框	P 键或 Ctrl＋P 键
打开"页面设置"对话框	S 键
放大或缩小页面的某一部分	Z 键
取消"打印预览"或"布局预览"	C 键或 Esc 键
移到页码框;输入页码后按 Enter 键	F5 键
查看下一页	Page Dn 键或 ↓ 键
查看上一页	Page Up 键或 ↑ 键
向下滚动一点距离	↓ 键
向下滚动一屏	Page Dn 键
移动到页的底部	Ctrl＋↓ 键
向上滚动一点距离	↑ 键
向上滚动一屏	Page Up 键
移动到页的顶部	Ctrl＋↑ 键
向右滚动一点距离	←键
移动到页的最右边	End 键或 Ctrl＋←键
移到页的右下角	Ctrl＋End 键
向左滚动一点距离	→键
移动到页的左边	Home 键或 Ctrl＋→键
移到页的左上角	Ctrl＋Home 键

5.3　编　辑　报　表

对于用任何方式创建的报表都可以在设计视图中进行编辑与修改。操作过程是:在报表对象中选择要修改的报表名,单击数据库窗口工具栏中的"设计"按钮,即可启动报表设计视图,且打开选择的报表。此时就可以对报表进行修改。

5.3.1　设置报表分节点

前面已经说过,报表是由节组成的,页眉、页脚和主体都称为报表的节。所以有必要先了解一下节的基本操作。

1. 改变节的大小

节的高度和宽带是可以随意调节的。实现方法如下：
- 若要更改节的高度，将指针放在该节的下边缘上，并向上或向下拖动鼠标。
- 若要更改节的宽度，将指针放在该节的右边缘上，并向左或向右拖动鼠标。
- 若要同时更改节的高度和宽度，将鼠标指针放在该节的右下角，并沿对角按任意方向进行拖动。
- 更改某一节的高度和宽度将更改整个报表的高度和宽度。

2. 显示/隐藏节

当不希望显示节中所包含的信息时，在报表上隐藏节是很有用的。前面介绍了通过"视图"菜单来显示或隐藏节。同样，利用属性对话框，可以将页眉或页脚单独地显示或隐藏。具体操作步骤如下：

（1）在设计视图中右击需要隐藏的节，在弹出的快捷菜单中选择"属性"命令，打开节的属性对话框。

（2）选择"全部"选项卡。

（3）单击"可见性"属性右边的下箭头按钮，打开下拉列表，如图 5.24 所示。菜单中有两个选项："是"和"否"。选择"否"即为隐藏该节。

3. 将同一节的内容保持同页

除页面页眉和页面页脚外，"保持同页"属性对其他所有报表节均有效。具体步骤如下：

（1）打开节的属性对话框。

（2）将"保持同页"属性设置为"是"。

值得注意的是，如果节比页面的打印区长，将忽略"保持同页"属性设置。

图 5.24　属性对话框

5.3.2　设置分页符

在进行报表设计时，可以人为地为报表分页。操作步骤如下：
（1）在设计视图中打开报表。
（2）单击工具箱中的"分页符"按钮。
（3）单击要放置分页符的位置。将分页符放在某个控件之上或之下，以避免拆分该控件中的数据。

5.3.3　排序和分组

在报表中对一组数据计算其汇总之前，必须在数据库中存在一个对记录的分组，没有分组,将无法完成汇总计算。

　　组就是指由具有某种相同信息的记录组成的集合。将报表分组之后,不仅同一类型的记录显示在一起,而且还可以为每个组显示概要和汇总信息,这样可以提高报表的可读性和易懂性。

　　在建立报表时,可以利用数据库中不同类型的字段对记录进行分组。例如,可以按照"日期/时间"字段进行分组,也可以按"文本"、"数字"和"货币"字段分组,但不能按"OLE对象"和"超链接"字段分组。

　　当按不同字段分组时,除了可以利用整个字段本身作为分组原则,还可以指定分组字段的细节内容作为分组依据。例如,在利用"日期/时间"字段进行分组时,可以指定按照年、月、日等对记录进行分组,将属于相同年份、月份和日子的记录归到同一组中。在利用"文本"字段进行分组时,可以只取字段的前几个字符作为分组依据。

　　如果要在报表中对记录进行分组,首先要利用报表设计视图中的"排序与分组"命令,建立分组所依据的字段或表达式,并通过设置分组的组属性来实现报表的汇总功能。具体操作过程如下:

　　(1) 在报表设计视图中打开将要进行分组的报表。

　　(2) 单击工具栏中的"排序与分组"按钮▤,这时会出现一个"排序与分组"对话框。如果在打开的报表中还没有进行分组,则将会有图 5.25 所示的对话框。

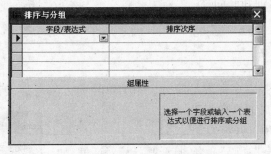

图 5.25　"排序与分组"对话框

　　(3) 在对话框中的"字段/表达式"列中,单击空白列表框时,在列表框右边出现一个下拉按钮。单击下拉按钮,可以打开一个列表框,列表框中包括了所有报表中的字段,可以根据需要选择一个字段。当选择了一个字段之后,就会在对话框下半部出现有关分组属性的 5 项内容:组标头、组页脚、分组形式、组间距和保持同页。同时,在"排序次序"列中,也出现了默认的排列方式。在"排序与分组"对话框中可以选取多个分组依据。

　　注意:在"字段/表达式"列中选取的字段不一定都是报表的一个分组依据,有可能只是按照该字段对报表中记录所进行的排序。查看一个字段是否是分组字段,需要看组属性中的"组标头"和"组页脚"两项是否被选中。如果其中一个属性为"是",才可以认为是报表的一个分组字段或依据。

　　当把用于分组的字段放到组标头中时,Access 就按指定的字段对记录进行分组,把属于同一组的记录放在一起。如果在"排序与分组"对话框中选取多个分组依据,创建的报表将按照多个字段或表达式对记录进行分组。Access 在分组时,首先按第一字段或表达式分组,当记录属于同一组时再按照下一个字段或表达式分组,以此类推。

5.3.4 添加当前的日期或时间

在打印报表时,通常需要在页眉或页脚中加入日期与时间数据,以便于以后的查阅。
在报表中加入日期与时间数据的步骤如下:

(1) 在设计视图中打开报表。

(2) 选择"插入"→"日期与时间"命令,打
开"日期和时间"对话框,如图5.26所示。

(3) 若要包含日期,选中"包含日期"复选
框。复选框下面的三个选项为日期的格式,单
击选择需要的日期格式。同理,若要包含时间,
选中"包含时间"复选框,再从下面的三个选项
中选择需要的时间格式。

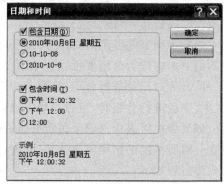

图 5.26 "日期和时间"对话框

(4) 单击"确定"按钮完成设置。

另外,还可以利用函数来显示时间。
Access中提供了Date函数和Now函数两种方式显示时间。Date函数显示当前日期;
Now函数显示当前日期和时间。

5.3.5 添加页号

页码的加入使得报表更加容易管理。添加页号的方法与加入日期与时间的方法类
似。在报表中加入页码的操作步骤如下:

(1) 在设计视图中打开报表。

(2) 选择"插入"→"页码"命令,打开"页码"对话框,如
图5.27所示。

(3) 在"页码"对话框中,选择页码的格式、位置和对齐
方式。对于对齐方式,有下列可选选项:

图 5.27 "页码"对话框

- 左:页码显示在左边缘。
- 中:页码居中,位于左右边距之间。
- 右:页码显示在右边缘。
- 内:奇数页页码打印在左侧,偶数页页码打印在右侧。
- 外:偶数页页码打印在左侧,奇数页页码打印在右侧。

如果要在第一页显示页码,将"首页显示页码"复选框选中。另外,也可以在报表的设
计视图中为文本框设置控件来源表达式。下面是一些常用的页码表达式:

表达式:=[Page]

表达式:="第" & [Page] & "页"

表达式:="第" & [Page] & "页,共" & [Pages] & "页"

5.4 打　印　报　表

虽然窗体或其他的 Access 组件都可以进行打印输出,但与报表相比,意义和作用都不是那么重要。在 Access 中设计好的报表必须通过一定方式进行输出,虽然现在可以通过网络进行数据的传送,但目前采用的主要方法仍是打印输出。本节主要介绍有关报表打印的设置和操作。

5.4.1　设置输出格式

对于已经创建完毕的报表,它的输出格式主要与打印的页面设置有关。页面设置包括页边距、打印方向和页中列等,这些页面设置属性可以在"页面设置"对话框中进行设置,也可以利用修改系统的默认值来加以改变。

报表打印输出的页面设置可以利用"页面设置"对话框进行,这里主要讨论如何设置默认的打印设置。

打印的默认设置按照下面的操作过程进行:选择"工具"→"选项"命令则出现如图 5.28 所示的对话框。在对话框中选择"常规"选项卡可以看到在该选项卡中列有关于页面边距的默认设置值,可根据要求修改相应的数值。

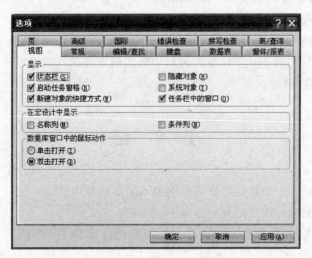

图 5.28　"选项"对话框

注意:更改上述的这些选项并不影响已有窗体和报表的页边距设置。

5.4.2　打印报表

在第一次打印报表之前,需要仔细检查目前所设置的页边距、页方向和其他页面设置

的选项,不要忙中出错,造成不正确的打印结果。具体的打印过程如下:

(1) 在数据库窗口中选定报表,或在"设计视图"、"打印预览"或"布局预览"中打开相应的报表。

(2) 选择"文件"→"打印"命令,出现如图 5.29 所示的对话框。

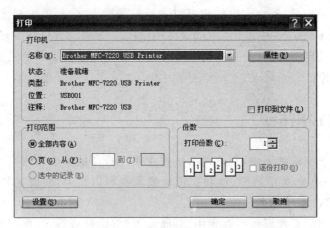

图 5.29　打印对话框

(3) 在"打印"对话框中进行以下设置:
- 在"打印机"栏指定打印机的型号。
- 在"打印范围"栏中指定打印页的范围。
- 在"份数"栏中指定复制的份数和是否需要对其进行分页。

如果使用的计算机还没有真正安装打印机,可以在该对话框中,选中"打印到文件"复选框,将输出报表打印到 prn 文件中。再利用输出的文件在其他地方进行打印。

(4) 单击"确认"按钮。

小　　结

- 报表将数据库中的数据以格式化的形式显示或打印输出。
- 报表的数据源可以是已有的数据表、查询或 SQL 语句。
- Access 为报表操作提供了"设计"视图、"打印预览"视图和"版面预览"3 种视图。
- 报表分别由报表页眉、报表页脚、页面页眉、页面页脚与报表主体 5 节组成。
- 报表有纵栏式、表格式、标签式与图表式 4 种基本类型。
- 报表中的控件与窗体控件作用与使用方法相同。
- 报表中可用的控件有绑定控件、未绑定控件与计算控件 3 类。
- 报表可以设计、编辑与打印。

习 题 5

1. 单择题

(1) 在报表设计的工具栏中,用于修饰版面以达到更好显示效果的控件是_____。

    A. 直线和矩形　　　B. 直线和圆形　　　C. 直线和多边形　　　D. 矩形和圆形

(2) 以下关于报表数据源设置的叙述中,正确的是_____。

    A. 可以是任意对象　　　　　　　　B. 只能是表对象

    C. 只能是查询对象　　　　　　　　D. 可以是表对象或查询对象

(3) 图 5.30 所示是某个报表的设计视图。根据视图内容,可以判断出分组字段是_____。

图 5.30　学生选课成绩汇总报表

    A. 编号和姓名　　　B. 编号　　　　　C. 姓名　　　　　D. 无分组字段

(4) 要实现报表的分组统计,其操作区域是_____。

    A. 报表页眉或报表页脚区域　　　　B. 页面页眉或页面页脚区域

    C. 主体区域　　　　　　　　　　　D. 组页眉或组页脚区域

(5) 要设计出带表格线的报表,需要向报表中添加_____控件完成表格线的显示。

    A. 文本框　　　　　B. 标签　　　　　C. 复选框　　　　　D. 直线或矩形

(6) 报表可以_____数据源中的数据。

    A. 编辑　　　　　　B. 显示　　　　　C. 修改　　　　　D. 删除

(7) 计算控件的控件来源属性一般设置为_____开头的计算表达式。

    A. 字母　　　　　　B. 等号(=)　　　C. 括号　　　　　D. 双引号

(8) 报表页脚的内容只在报表的_____打印输出。

A. 第一页顶部   B. 每页顶部
C. 最后一页数据末尾   D. 每页底部

(9) 要在报表上显示格式为"4/总 15 页"的页码,则计算控件的控件来源应设置为_____。

    A. =[Page] & "/总" & [Pages]   B. [Page] & "/总" & [Pages]
    C. =[Page]/总[Pages]   D. [Page]/总[Pages]

(10) 要实现报表按某字段分组统计输出,需要设置_____。

    A. 报表页脚   B. 该字段组页脚   C. 主体   D. 页面页脚

(11) 要设置在报表每一页的底部都输出的信息,需要设置_____。

    A. 报表页眉   B. 报表页脚   C. 页面页眉   D. 页面页脚

(12) 要实现报表的分组统计,其操作区域是_____。

    A. 报表页眉或报表页脚区域   B. 页面页眉或页面页脚区域
    C. 主体区域   D. 组页眉或组页脚区域

(13) 如果设置报表上某个文件框的控件来源属性为"=2*3+1",则打开报表视图时,该文本框显示信息是_____。

    A. 未绑定   B. 7   C. 2*3+1   D. 出错

(14) 要只在报表最后一页主体内容之后输出信息,需要设置_____。

    A. 报表页眉   B. 报表页脚   C. 页面页眉   D. 页面页脚

(15) 在报表每一页的底部都输出信息,需要设置的区域是_____。

    A. 报表页眉   B. 报表页脚   C. 页面页眉   D. 页面页脚

(16) 要显示格式为"页码/总页数"的页码,应当设置文本框控件的控件来源属性为_____。

    A. [Page]/[Pages]   B. =[Page]/[Pages]
    C. [Page]&"/"&[Pages]   D. =[Page]&"/"&[Pages]

(17) 如果设置报表上某个文本框的控件来源属性为"=7 Mod 4",则在打印预览视图中,该文本框显示的信息为_____。

    A. 未绑定   B. 3   C. 7 Mod 4   D. 出错

(18) 在报表设计时,如果只在报表最后一页的主体内容之后输出规定的内容,则需要设置的是_____。

    A. 报表页眉   B. 报表页脚   C. 页面页眉   D. 页面页脚

(19) 可作为报表记录源的是_____。

    A. 表   B. 查询   C. SELECT 语句   D. 以上都可以

(20) 在报表中,要计算"数学"字段的最高分,应将控件的"控件来源"属性设置为_____。

    A. =Max([数学])   B. Max(数学)
    C. =Max[数学]   D. =Max(数学)

(21) 如果要在整个报表的最后输出信息,需要设置_____。

    A. 页面页脚   B. 报表页脚   C. 页面页眉   D. 报表页眉

（22）Access 报表对象的数据源可以是_____。

    A. 表、查询和窗体   B. 表和查询

    C. 表、查询和 SQL 命令   D. 表、查询和报表

（23）要实现报表按某字段分组统计输出，需要设置的是_____。

    A. 报表页脚   B. 该字段的组页脚

    C. 主体   D. 页面页脚

（24）下列关于报表的叙述中，正确的是_____。

    A. 报表只能输入数据   B. 报表只能输出数据

    C. 报表可以输入和输出数据   D. 报表不能输入和输出数据

（25）以下叙述正确的是_____。

    A. 报表只能输入数据   B. 报表只能输出数据

    C. 报表可以输入和输出数据   D. 报表不能输入和输出数据

（26）在报表设计中，以下可以做绑定控件显示字段数据的是_____。

    A. 文本框   B. 标签   C. 命令按钮   D. 图像

（27）关于报表数据源设置，以下说法正确的是_____。

    A. 可以是任意对象   B. 只能是表对象

    C. 只能是查询对象   D. 只能是表对象或查询对象

（28）要在报表每一页的顶部都输出的信息，需要设置_____。

    A. 报表页眉   B. 报表页脚   C. 页面页脚   D. 页面页眉

（29）下列叙述正确的是_____。

    A. 设计视图只能用于创建报表结构

    B. 在报表的设计视图中可以对已有的报表进行设计和修改

    C. 设计视图可以浏览记录

    D. 设计视图只能对于未创建的报表进行设计

（30）主要用在封面的是_____。

    A. 页面页眉节   B. 页面页脚节   C. 组页眉节   D. 报表页眉节

2. 填空题

（1）报表记录分组操作时，首先要选定分组字段，在这些字段上值_____的记录数据归为同一组。

（2）完整报表设计通常由报表页眉、报表页脚、页面页眉、页面页脚、_____、组页眉和组页脚 7 个部分组成。

（3）报表页眉的内容只在报表的_____打印输出。

（4）报表数据输出不可缺少的内容是_____的内容。

（5）目前比较流行的报表有 4 种，它们是纵栏式报表、表格式报表、_____和标签报表。

（6）页面页脚的内容在报表的_____打印输出。

（7）Access 中，"自动创建报表"向导分为纵栏式和_____两种。

(8) 报表设计中,可以通过在组页眉或组页脚中创建_____来显示记录的分组汇总数据。

(9) 在报表设计中,可以通过添加_____控件来控制另起一页输出显示。

(10) 报表中大部分内容是从基表、_____或 SQL 语句中获得的。

实 验 5

实验目的:构造高校教师信息管理系统的报表,熟悉报表的设计过程。

实验要求:按照报表设计要求,设计好每个报表。

实验学时:2 课时

实验内容与提示:

(1) 为 TIMS_LectureInfo、TIMS_honourInfo、TIMS_PaperInfo、TIMS_ProjectInfo、TIMS_ PublicationInfo 表创建自动表格式报表,报表名为 LectureInfo _ Report、honourInfo_Report、PaperInfo_Report、ProjectInfo_Report、PublicationInfoLectureInfo_Report。

(2) 按本章例 5-5 为 TIMS_ TeacherInfo 表设计报表,报表名为 TeacherInfo_Report。

第6章 数据访问页

Internet 与 Web 技术的发展为信息交换和共享提供了快捷有效的方法,使我们的工作与生活发生了巨大的变化。Internet 技术涉及诸多方面,但最基本与最直接的外在体现就是各 Web 站点的 Web 页。用户在客户端通过一个浏览器程序来访问这些 Web 页,以此来访问 Web 站点提供的各种资源。在 Web 服务器上,我们可以使用 Access 作为后台数据库,用户通过 Access 数据库提供的 Web 页来访问数据库中的数据。本章将介绍有关 Web 页的知识。

主要学习内容
- 数据访问页的基本知识;
- 创建数据访问页;
- 编辑数据访问页。

6.1 数据访问页的基本知识

数据访问页也是 Access 数据库的组成对象之一,它是 Access 数据库与 WWW 的接口。

6.1.1 数据访问页的定义与作用

随着 Internet 和 Web 技术广泛应用,这就要求 Microsoft Access 能实现跨网络存储和发送数据。Access 提供了"数据访问页"对象,以此作为数据库系统和 WWW 的接口,确保 Access 数据库系统能与 Internet 连接起来,用户可以通过 Internet 或 Intranet 访问数据库中的信息。数据访问页是一种特殊的 Web 页,它允许用户使用浏览器查看和使用 Access 数据库中的数据,给用户提供了跨 Internet 或 Intranet 访问信息的能力。

数据访问页是一种动态网页,它以 html 文件格式保存,用于查看和处理来自 Internet 或 Intranet 的数据,这些数据存储在 Access 数据库或 SQL Server 数据库中。数据访问页的类型通常可分为交互式报表页、数据输入页与数据分析页。交互式报表页用于合并和分组数据,并发布相关数据的总结,使用展开指示器,可获取信息汇总,该种页面不能编辑数据。数据输入页用于查看、修改、删除、添加数据记录。数据分析页中可包含数据透视表、图表等,用户可对数据进行重新分析。该页上包含电子表格时,用户可以在其中输入和编辑数据,并利用公式计算。

数据访问页的基本作用体现有如下三个方面:

(1)编辑数据:实现浏览、编辑和输入数据的功能。

(2)交互式报表:利用多组数据生成报表式页面时,可以展开和关闭记录,在各类视图之间切换。

(3)分析数据:在页面中加入图表、电子报表等对象,可以生成能进行数据库分析的Web页,利用 Web 页可以浏览汇总数据,也可以改变其中的内容。

6.1.2 数据访问页的视图

数据访问页有"页视图"和"设计视图"两种视图方式。页视图是查看所生成的数据访问页样式的一种视图方式,在数据库窗口的"页"对象中双击页对象,系统将以页视图方式打开该数据访问页。

设计视图用来打开数据访问页,实现对数据访问页的编辑与修改。打开数据访问页设计视图,用户可以利用数据访问页工具箱与格式工具栏等创建 Web 页。当然,与窗体、报表设计一样,用户可以首先使用向导或自动创建数据访问页,然后在设计视图中进行修改。

6.1.3 Web 服务器的构架

为了使用户能通过 IE 来访问 Access 数据库,用户必须确保 Access 数据库已放在一台 Web 服务器上。为了让计算机变成一台 Web 服务器,必须安装相应的 Web 服务。下面以安装与配置 IIS 服务为例,介绍 IIS 的安装与配置过程。

注意: IIS 必须安装在 Windows 2000 以上(不包括 Windows XP Home 版)。

1. 安装 IIS

打开"控制面板",然后单击启动"添加/删除程序",在弹出的对话框中选择"添加/删除 Windows 组件",在 Windows 组件向导对话框中选中"Internet 信息服务(IIS)",然后单击"下一步"按钮,按向导指示,完成对 IIS 的安装。

2. 启动 IIS

选择"开始"→"所有程序"→"管理工具"→"Internet 信息服务(IIS)管理器",即可启动"Internet 信息服务"管理工具,如图 6.1 所示。

系统安装 IIS 后,将自动创建一个默认的 Web 站点,该站点的主目录默认为 C:\\Inetpub\\www.root。右击"默认 Web 站点",在弹出的快捷菜单中选择"属性",此时就可以打开站点属性设置对话框,如图 6.2 所示。在该对话框中,可完成对该站点的全部配置。

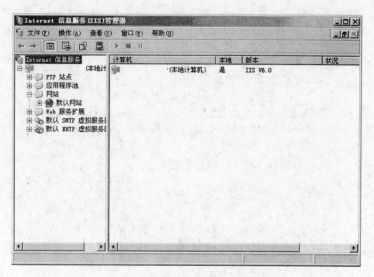

图 6.1　Internet 信息服务管理窗口

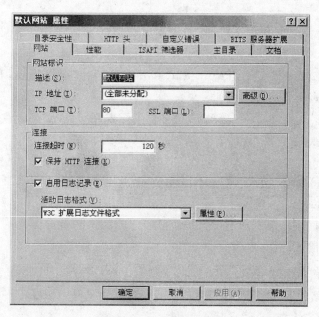

图 6.2　默认站点配置

3. 主目录与启用父路径

选择"主目录"选项卡,切换到主目录设置页面,如图 6.3 所示。通过该选项卡可实现对主目录的更改或设置。

4. 设置主页文档

单击"文档"选项卡,切换到主页文档的设置页面,主页文档是在浏览器中输入网站域

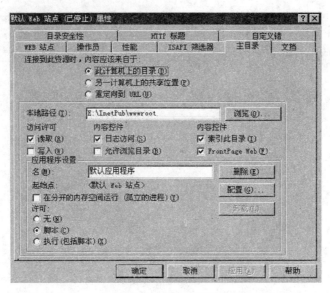

图 6.3　配置主目录

名,而未制定所要访问的网页文件时,系统默认访问的页面文件。常见的主页文件名有index. htm、index. html、index. asp、default. htm、default. html、default. asp 等。

　　IIS 默认的主页文档只有 default. htm 和 default. asp,根据需要,利用"添加"和"删除"按钮,可为站点设置所能解析的主页文档。

　　通过上述安装与配置后,一台 Web 服务器就配置好了,这样可以在 Web 服务器的主目录中创建 Access 数据库,再接着创建数据库的 Web 页了。

6.1.4　在 IE 中浏览数据访问页

　　创建一个数据访问页的真正目的是使得数据库的访问者可以在网络中利用 Web 浏览器直接对数据库进行访问。

　　访问方法有两种:一种是通过创建 Web 的超级连接来访问;第二种方法是在 IE 地址栏中直接输入"http://数据访问页所在服务器的域名/数据访问页的路径/数据访问页名称"。

6.2　创建数据访问页

　　数据访问页就是一个网页,在该网页上,能够动态地显示、添加、删除以及修改记录的内容。创建数据访问页的方法有"设计视图"、"现有 Web 页"、"数据页向导"与"自动创建数据页:纵栏式"四种。下面来介绍数据访问页的创建方法。

6.2.1　利用自动创建功能创建数据访问页

　　该方法的特点就是快速,只需在"新建数据访问页"对话框中选择"自动创建数据页:纵栏式"选项,然后再选择新建数据访问页中数据字段的来源表或查询,然后,再单击对话框中的"确定"按钮,就可以由系统自动地生成一个数据访问页。

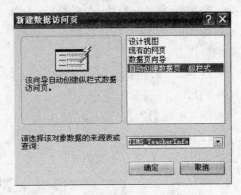

图 6.4　"新建数据访问页"对话框

　　例 6-1　创建一个 Web 页,通过该页可以向 TIMS_TeacherInfo 表中添加记录。

　　创建过程如下:

　　(1) 选择数据库列表中的"页",单击"新建"按钮,打开如图 6.4 所示的对话框,在列表框中选择"自动创建数据页:纵栏式",在"请选择该对象数据的来源或表"的下拉列表中选择 TIMS_TeacherInfo 表。单击"确定"按钮。

　　(2) 系统将自动生成如图 6.5 所示的数据访问页。

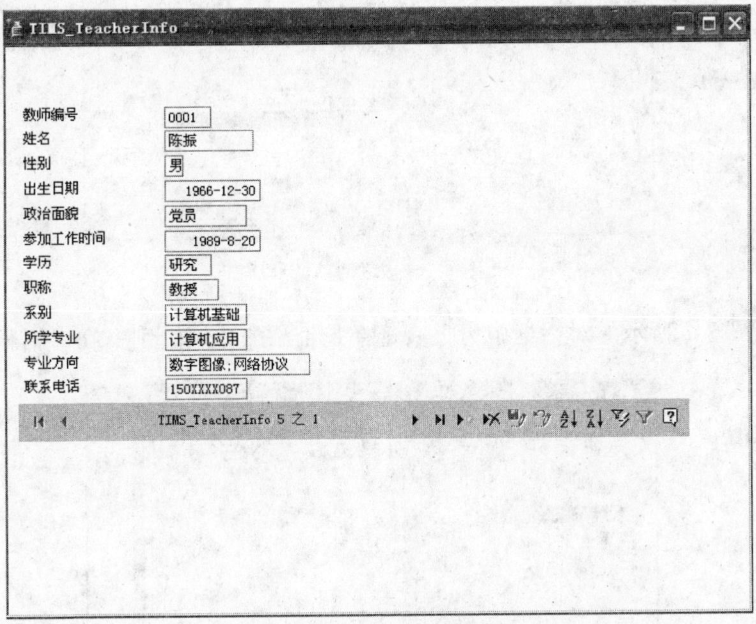

图 6.5　利用自动创建功能创建的数据访问页

　　(3) 把数据页保存为 TIMS_TeacherInfo.html 即可。

　　注意:数据页必须保存在 Web 服务器的站点目录下。后面的例题创建的数据访问页保存路径都一样。

6.2.2 使用向导创建数据访问页

Access 同样为用户提供了一个数据访问页向导功能。利用数据访问页向导可以加速一个数据访问页的建立,通过每一步的对话框提问,使用户在提供创建数据访问页所需信息的同时,能够对新建数据访问页的内容有所了解。下面我们就来介绍数据访问页向导的使用。

例 6-2 采用向导为 TIMS_honourInfo 表创建一个数据访问页,页名为 TIMS_honourInfo.html。

(1) 在数据库窗口双击"使用向导创建数据访问页"选项。

(2) 在"数据页向导"对话框中,在"表/查询"下拉列表中选择 TIMS_honourInfo 表,在"可用字段"列表框中选择全部字段,如图 6.6 所示,单击"下一步"按钮。

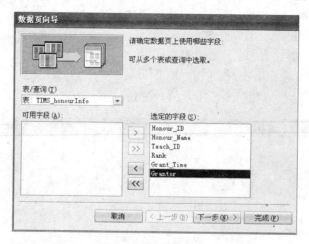

图 6.6 选择表与字段

(3) 在图 6.7 所示的对话框中为报表选择是否添加分组级别。在对话框左侧列出的

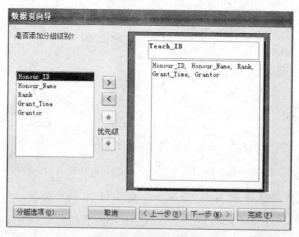

图 6.7 添加分组级别

字段中,选择 Teach_ID 字段,单击 > 按钮,这时在对话框右侧的显示区中就能看到 Teach_ID 被单独放置在其他字段上方,字体显示为蓝色。表示报表中的内容将按照 Teach_ID 的不同而分组显示。

(4) 在图 6.7 所示的对话框的左下方,有一个"分组选项"按钮,如果要另行设置分组间隔,可单击此按钮,这时出现如图 6.8 所示的"分组间隔"对话框。在"分组间隔"下拉列表中选择一种分组间隔,单击"确定"按钮。返回到图 6.7 所示的设置分组级别对话框中,单击"下一步"按钮。

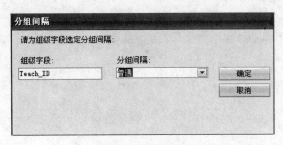

图 6.8　设置分组间隔

(5) 设置完分组字段后,弹出图 6.9 所示的确定排序次序对话框。在第 1 个下拉列表中选择 Teach_ID 字段,同时单击列表框右侧的"升序"按钮,这时就会看到字段排序方式由"升序"变成"降序",表示在报表中,Teach_ID 将会按照降序的排序方式显示出来。

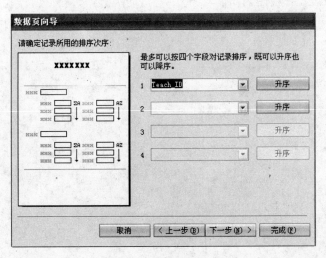

图 6.9　确定排序次序

(6) 完成上述操作后,"数据页向导"要求给数据页指定标题。将刚刚所创建的数据页名称指定为"教师荣誉信息",并选中"打开数据页"单选按钮,单击"完成"按钮。

创建后的数据页如图 6.10 所示,在这张数据页中可以看到荣誉信息以 Teach_ID 分组显示出来的。

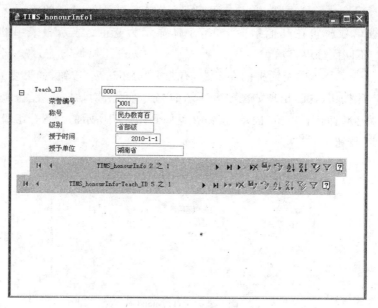

图 6.10 按向导创建的数据访问页

6.2.3 利用设计视图创建数据访问页

同窗体和报表设计视图的功能与特点一样,使用数据访问页设计视图,可以创建功能更丰富、格式更灵活的数据访问页,也可使用设计视图对前面创建的数据访问页进行修改。

例 6-3 请创建如图 6.11 所示的 Web 页,标题为滚动字幕,文件名为 Index。

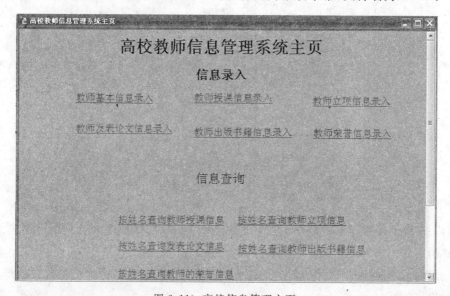

图 6.11 高校信息管理主页

————————————— Access 数据库技术与应用

设计过程如下：

（1）打开数据库窗口，单击"对象"栏中的"页"选项，双击"在设计视图中创建数据访问页"，打开如图6.12所示的数据访问页设计窗口。

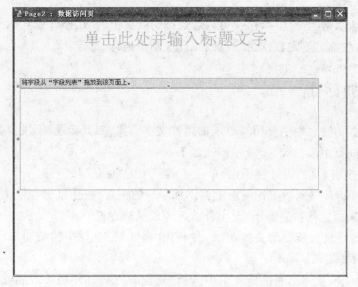

图6.12 数据访问页设计视图

（2）删除其中的2个对象。选择工具箱中的"滚动文字"工具，在页内添加"高校教师信息管理系统主页"，设置好合适的字体与字号。

（3）选择工具箱中"标签"工具，滚动文字下添加"信息录入"标签控件。

（4）选择工具箱中"超链接"工具，打开如图6.13所示的"插入超链接"对话框。在"要显示的文字"框中输入链接的文字，在地址栏中选择链接的网页。

图6.13 "插入超链接"对话框

（5）重复步骤（4），在数据访页中插入信息录入的各个链接。

（6）以同样的方法创建好信息查询的链接。

（7）单击关闭按钮，把文件命名为Index保存。

通过上述步骤，一个数据访问页就创建好了。

6.3　编辑数据访问页

在创建了数据访问页之后，用户可以对数据访问页中的节、控件或其他元素进行编辑和修改，这些操作都需要在数据访问页的设计视图中进行。

6.3.1　添加标签

标签在数据访问页中主要用来显示描述性文本信息，如页标题、字段内容说明等。如果要向数据访问页中添加标签，操作步骤如下：

（1）在数据访问页的设计视图中，单击工具箱中的"标签"按钮。

（2）将鼠标指针移到数据访问页上要添加标签的位置，按住鼠标左键拖动，拖动时会出现一个方框来确定标签的大小，大小合适后释放鼠标左键。

（3）在标签中输入所需的文本信息，并利用"格式"工具栏中的按钮来设置文本所需的字体、字号和颜色等。

（4）右击标签，从弹出的快捷菜单中选择"属性"命令，打开标签的属性窗口，修改标签的其他属性。

6.3.2　添加命令按钮

命令按钮的作用很多，利用它可以对记录进行浏览和操作等。下面在数据页中添加一个"查看下一个记录"的命令按钮，操作步骤如下：

（1）在数据访问页的设计视图中，单击工具箱中的"命令"按钮。

（2）将鼠标指针移动到数据访问页中要添加命令按钮的位置，按下鼠标左键。

（3）松开鼠标左键，此时屏幕显示"命令按钮向导"对话框，如图 6.14 所示，在该对话框"类别"下拉列表中选择相应的类别，在操作栏中选择相应的操作。

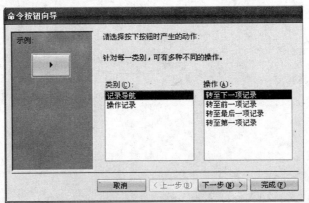

图 6.14　选择按下按钮时产生的动作

（4）单击"下一步"按钮，在显示的对话框中要求用户选择按钮上面显示文本还是图片，这里选择"图片"，如图 6.15 所示。

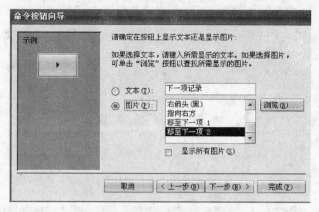

图 6.15　确定按钮上显示的内容

（5）单击"下一步"按钮，在显示的对话框中输入按钮的名称，然后单击"完成"按钮。

（6）用鼠标调整该命令按钮的大小和位置，如果需要，可以右击命令按钮，从弹出的快捷菜单中选择"属性"命令，打开命令按钮的属性对话框，根据需要修改命令按钮的属性。

6.3.3　添加滚动文字

用户上网浏览时，会发现许多滚动的文字，很容易吸引人的注意力。在 Access 中，用户可以利用"滚动文字"控件来添加滚动文字。操作步骤如下：

（1）在数据访问页的设计视图中，单击工具箱中的"滚动文字"按钮。

（2）将鼠标指针移到数据访问页中要添加滚动文字的位置，按住鼠标左键拖动，以便确定滚动文字框的大小。

（3）在滚动文字控件框中输入要滚动显示的文字。

（4）选中滚动文字框，右击，从弹出的快捷菜单中选择"属性"命令，显示如图 6.16 所示的滚动文字属性对话框，设置相关的属性，如滚动文字的字体类型、字号大小、滚动方向等。

（5）切换到页视图方式下，就可以看到沿横向滚动的文字了。

图 6.16　控件属性对话框

6.3.4　设置背景

在 Access 中，使用主题可以使数据访问页具有一定的图案和颜色效果，但这不一定能够满足用户需要,所有 Access 还提供了设置数据访问页背景的功能。在 Access 数据访问页中,用户可以设置自定义的背景颜色与背景图片等,以便增强数据访问页的视觉效果。但在使用自定义背景颜色与图片时,必须删除已经应用的主题。

本节介绍设置背景颜色、背景图片和背景声音的方法。以设计视图方式打开需要设置背景的数据访问页,然后选择"格式"→"背景"命令,在该命令下有两个选项,一是颜色,二是图片,如图 6.17 所示。

图 6.17　选择背景颜色

如果选择"背景"→"颜色"命令,可为背景指定相应的首页色。

如果选择"背景"→"图片"命令,则显示"插入图片"对话框,如图 6.18 所示,在该对话框中找到作为背景的图片文件,然后单击"确定"按钮。

图 6.18　"插入图片"对话框

小　　结

- Access 的"数据访问页"对象是数据库系统和 WWW 的接口。
- 数据访问页是一种动态网页,它以 html 文件格式保存。
- 数据访问页的基本作用体现在编辑数据,生成交互式报表,分析数据三个方面。
- 为了使用户能通过 IE 来访问 Access 数据库,用户必须确保 Access 数据库已放在一台 Web 服务器上。
- 为了让计算机变成一台 Web 服务器,必须安装相应的 Web 服务。
- 创建一个数据访问页的真正目的是使得数据库的访问者可以在网络中利用 Web 浏览器直接对数据库进行访问。

习 题 6

1. 单选题

(1) 使用自动创建数据访问页功能创建数据访问页时，Access 会在当前文件夹下，自动保存创建数据访问页，其格式为_____。

    A. HTML   B. 文本   C. 数据库   D. Web

(2) Access 通过数据访问页可以发布的数据_____。

    A. 只能是静态数据   B. 只能是数据库中保持不变的数据

    C. 只能是数据库中变化的数据   D. 是数据库中保存的数据

(3) 数据访问页是一种独立于 Access 数据库的文件，该文件的类型是_____。

    A. TXT 文件   B. HTML 文件   C. MDB 文件   D. DOC 文件

(4) 将 Access 数据库数据发布到 Internet 网上，可以通过_____。

    A. 查询   B. 窗体   C. 数据访问页   D. 报表

(5) 在 Access 中，DAO 的含义是_____。

    A. 开放数据库互连应用编程接口   B. 数据库访问对象

    C. Active 数据对象   D. 数据库动态链接库

(6) ADO 的含义是_____。

    A. 开放数据库互连应用编程接口   B. 数据库访问对象

    C. 动态链接库   D. Active 数据对象

(7) ODBC 的中文含义是_____。

    A. 浏览器/服务器   B. 客户/服务器

    C. 开放数据库连接   D. 关系数据库管理系统

(8) 将 Access 数据库中的数据发布在 Internet 网络上可以通过_____。

    A. 查询   B. 窗体   C. 表   D. 数据访问页

(9) 在数据访问页的工具箱中，为了插入一段滚动的文字，应该选择的图标是_____。

    A.   B.   C.   D.

(10) 在数据访问页的工具箱中，为了设置一个超级链接，应该选择的图标是_____。

    A.   B.   C.   D.

(11) ADO 对象模型主要有 Connection、Command、_____、Field 和 Error5 个对象。

    A. Database   B. Workspace   C. RecordSet   D. DBEngine

(12) ADO 对象模型层次中可以打开 RecordSet 对象的是_____。

    A. 只能是 Connection 对象

    B. 只能是 Command 对象

C. 可以是 Connection 对象和 Command 对象

D. 不存在

（13）标签在数据访问页中主要用来显示_____。

A. 图像信息 　　　　　　　　　　　　B. 数据信息

C. 描述性文本信息 　　　　　　　　　D. 其他

2. 填空题

（1）数据访问页有两种视图，它们是页视图和_____。

（2）在 Access 中需要发布数据库中的数据的时候，可以采用的对象是_____。

（3）在 Access 中，用户可以利用_____控件来添加滚动文字。

（4）在数据访问页的工具箱中，图标的名称是_____。

实　验　6

实验目的：构造高校教师信息管理系统的窗体，熟悉窗体的设计过程。

实验要求：按照窗体设计要求，设计好每个窗体。

实验学时：2 课时

实验内容与提示：

（1）请采用"自动创建数据访问页：纵栏式"为 TIMS_TeacherInfo 表创数据访问页，数据访问页保存为 TIMS_TeacherInfo.htm，然后在设计器中为访问添加"教师基本信息录入"，设置好字体与字号，如图 6.19 所示。

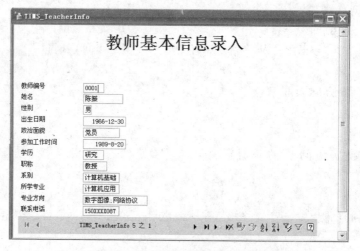

图 6.19　教师基本信息数据访问页

（2）用同样的方法为 TIMS_honourInfo、TIMS_LectureInfo、TIMS_PaperInfo、TIMS_ProjectInfo 与 TIMS_PublicationInfo 表创建相同的数据访问页，页名分别为

TIMS_honourInfo.htm、TIMS_LectureInfo.htm、TIMS_PaperInfo.htm、TIMS_ ProjectInfo.htm 与 TIMS_PublicationInfo.htm。

（3）请为 qT_Lecture 查询创建数据访问页，采用的方法是设计视图，该数据对象数据来源为 qT_Lecture 查询，数据访问页名为 qT_Lecture.htm。创建好的数据访问页如图 6.20 所示。

查询教师授课信息

图 6.20   查询教师授课信息访问页

（4）用同样的方法为 qT_Honour、qT_Paper、qT_Project 与 qT_Publication 创建一样的数据访问页，页名分别为 qT_Honour.htm、qT_Paper.htm、qT_Project.htm 与 qT_Publication.htm。

（5）按本章例 6-3 创建一个名为 Index.htm 的数据访问主页。

第 7 章 宏

宏是 Office 中的操作命令,是一个或多个操作构成的集合,宏中的每个操作能够自动地实现特定的功能。本章将介绍宏有关的知识。

主要学习内容
- 宏的基本知识;
- 宏的创建;
- 宏的编辑;
- 宏的运行与调试;
- 宏的应用。

7.1 宏的基本知识

7.1.1 宏的定义

宏由一些操作和命令组成,其中每个操作可实现特定的功能,宏可以使普通的任务自动完成。在 Access 中,可以用宏来实现数据的排序与查询,显示窗体,打印报表等。例如,可设置一个宏,在用户单击某个命令按钮时运行该宏,以打印指定的报表。在创建宏时,可以设置操作参数,用于执行某项单独操作所要求的附加信息。宏的优点在于,无须编程即可完成对数据库对象的各种操作。用户在使用宏时,只需给出操作的名称、条件和参数,就可以自动完成指定的操作。在利用 Access 完成实际工作时,可以通过创建宏来执行重复的或复杂的任务,确保工作的一致性,提高工作效率。

宏的基本功能如下:

(1) 显示和隐藏工具栏。

(2) 打开和关闭表、查询、窗体和报表。

(3) 执行报表的预览和打印操作以及报表中数据的发送。

(4) 设置窗体或报表中控件的值。

(5) 设置 Access 工作区中任意窗口的大小,并执行窗口移动、缩小、放大和保存等操作。

(6) 执行查询操作以及数据的过滤与查询操作。

7.1.2　宏的分类

在 Access 中,宏可以分为操作序列宏、宏组和含有条件的宏 3 类。

1. 操作序列宏

操作序列宏是结构最简单的一种宏,它是按一组操作顺序定义,执行时以操作定义的先后为顺序。

2. 宏组

所谓宏组是将多个宏组织在一个集合中。其中每个宏又可以包含多个操作。在数据库操作中,如果为了完成一项功能而需要使用多个宏,则可将完成同一项功能的多个宏组成一个宏组,以便于对数据库中的宏进行分类管理和维护。

3. 条件操作宏

在宏的操作前可以添加一个条件,当条件为真,则执行对应操作;否则不执行。条件的设置可以通过逻辑表达式来完成,表达式的真假决定了是否执行宏中的操作。

7.1.3　宏设计窗口

宏窗口是用于创建、编辑和运行宏的工具。

打开宏设计器的方法是:单击数据库窗口对象中的"宏"按钮,切换到"宏"页。单击"新建"按钮,弹出如图 7.1 所示的"宏"窗口。该窗口就是用来创建与编辑宏的窗口。

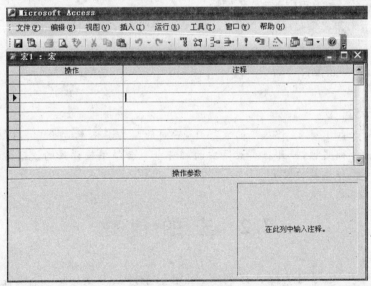

图 7.1　宏窗口

在宏窗口的上半部分,包含有"操作"和"注释"两列。在"操作"列中可以给每个基本宏指定一个或多个宏操作;"注释"列是可选的,用来帮助说明每个宏操作的功能,便于以后用户对宏的修改和维护。

在窗口的下半部分是宏的"操作参数"栏,用来定义宏的操作参数。宏不同其操作参数的设置也不同。在建立每个基本宏时,需要对每一个宏操作设置其相应的宏操作参数。

在创建宏组或定义条件操作时,需在宏窗口中显示"宏名"与"条件"列,可选择"视图"→"宏组"或"条件"命令。此时的宏窗口显示会为如图 7.2 所示的界面。

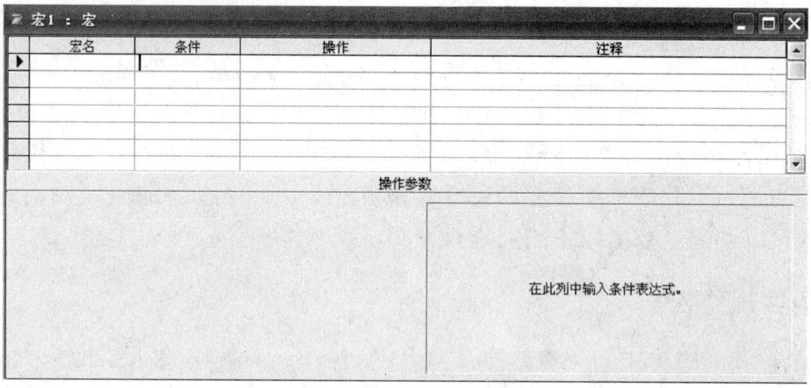

图 7.2 带宏名与条件列的宏窗口

另外,在宏窗口的上面有一个宏对象工具栏,如图 7.3 所示。在此介绍几个宏特有的工具的作用:

图 7.3 宏对象工具栏

︙:显示宏定义窗口中的"宏名"列。

︙:显示宏定义窗口中的"条件"列。

⯈:在宏窗口中插入 1 行。

⯈:在宏窗口中删除 1 行。

!:运行宏。

⯈:单步运行宏。

说明:Access 中有 53 种基本的宏操作,不同的操作其参数也会不同,但参数及其选项的含义一般都很明确,并且在参数区右面的部分也会提供较详细的说明,后面将详细介绍每个宏命令操作参数的设定。

7.2 宏 的 创 建

在 Access 中,宏可分为操作序列宏、宏组与条件宏 3 类,本节介绍各种宏的创建方法。

7.2.1 操作序列宏的创建

1. 简单宏的创建

也许在使用和建立宏之前,读者正为自己对于 Access 的宏编程一无所知而不敢使用宏。其实,创建 Access 宏是一件轻松而有趣的工作,它不同于 VBA 的编程,用户不必涉及宏的编程代码,也没有太多的语法需要掌握,用户所要做的就是在宏的操作设计列表中安排一些简单的选择。下面就简单介绍操作序列宏的创建过程。

例 7-1 请创建一个宏,用于打开 TIMS_TeacherInfo 表,且不允许修改表的内容,浏览窗口关闭后弹出标题为"简单宏操作",内容为"谢谢您浏览教师基本信息数据!"的对话框。单击对话框的确定按钮时关闭表。操作过程如下:

(1) 单击数据库窗口对象中的"宏"按钮,再单击"新建"按钮,打开如图 7.1 所示的宏设计窗口。

(2) 将光标放入第一行"操作"列,单击下拉按钮,从展开的基本操作列表中选择 OpenTable 命令。注释列的内容可以选填,这里输入说明信息"打开教师基本信息表"。

(3) 在"操作参数"区"表名选择"处选择 TIMS_TeacherInfo,"视图"默认为"数据表","数据模式"选择"只读"。设计结果如图 7.4 所示。

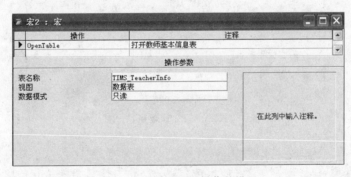

图 7.4 OpenTable 操作的设置

(4) 在宏口操作的第二行选择 MsgBox 操作,在"注释"列中输入"弹出一个对话框",在操作参数区的消息栏中输入"谢谢您浏览教师基本信息数据!",标题栏中输入"简单宏操作"。其他设置为默认。

(5) 在宏口操作的第三行选择 Close 操作,在注释列中输入"关闭教师基本信息表"。操作参数区的对象类型选择"表"。对象名称选择 TIMS_TeacherInfo。设定结果如图 7.5 所示。

(6) 单击"保存"按钮,在弹出的"另存为"对话框中输入"简单操作宏",单击"确定"按钮后保存。

通过这些操作,一个简单宏就创建好了,如图 7.6 所示。此时可以双击"简单操作宏"看一看宏的运行效果。

图 7.5　宏窗口的设置

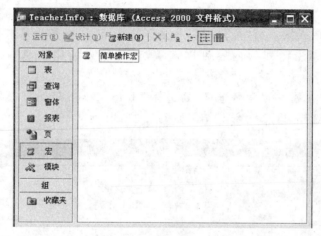

图 7.6　宏管理窗口

注意：

（1）操作参数是某些宏所必需的附加信息，它用于控制相关操作的运行方式。建议按操作参数的排列顺序来设置操作参数，因为某一参数的选择将决定其后面参数的选择。

（2）通过从"数据库"窗口拖放数据库对象的方式也可向宏中添加操作，会自动为这个操作设置适当的参数。

（3）如果操作中带有调用数据库对象名称的参数，则可以将对象从"数据库"窗口中拖放到参数框，从而自动设置参数及其对应的对象类型参数。可以用前面加有等号（＝）的表达式来设置相关操作参数。

（4）如果宏的名字命名为 AutoExec 时，该宏在打开数据库时会自动运行。如果在打开数据库时不想让该宏自动执行，可在打开数据库时按住 Shift 键。

2. 常用的宏操作

Access 在宏窗口的"操作"列中提供了很多常用的操作，这些操作的具体作用如下：

1）打开或关闭数据库对象

① OpenTable

功能：打开指定数据表。

参数说明：

- 表名（查询名）：指定打开表的名称。
- 视图：打开表的视图，可选择"数据表"、"设计"、"打印预览"、"数据透视表"或"数据透视图"。默认值为"数据表"。
- 数据模式：表的数据输入模式。可选择"添加"（可添加记录，但不能修改以前的数据）、"编辑"（对数据进行修改）、"只读"（仅可查看数据，不能编辑）3 种模式。

② OpenForm

功能：打开指定窗体。

参数说明：

- 窗体名称：设定打开窗体的名称。
- 视图：基本选项为"窗体"、"设计"、"打印预览"、"数据表"、"数据透视表"或者"数据透视图"。默认值为"窗体"。
- 筛选名称：对窗体的记录进行限制或排序的筛选。
- Where 条件：一个有效的 SQL Where 子句或表达式。
- 数据模式：设定窗体数据输入模式。可设定为"添加"、"编辑"与"只读"。
- 窗口模式：可设定为"普通"、"隐藏"（窗体被隐藏）、"图标"（窗体打开时最小化为屏幕底部的小标题栏）与"对话框"。默认值为"普通"。

③ OpenQuery

功能：打开指定查询。

参数说明：与 OpenTable 命令相同，请参照 OpenTable 命令。

④ OpenReport

功能：打开指定报表。

参数说明：

- 报表名称：设定打开报表的名称。
- 视图：基本设置为"打印"（立即打印报表）、"设计"或"打印预览"。默认值为"打印"。
- 筛选名称：对报表的记录进行限制或排序的筛选。
- Where 条件：一个有效的 SQL Where 子句或表达式。
- 窗口模式：与 OpenForm 命令相同。

⑤ OpenDataAccessPage

功能：打开指定数据库访问页。

参数说明：

- 访问页名称：打开访问页的名称。
- 视图：可选择"设计"与"浏览"。默认值为"浏览"。

⑥ RunMacro

功能：指定运行已定义的宏。

参数说明：

- 宏名：指定所要运行宏的名称。如果宏在宏组中，它将以"宏组名.宏名"。该参数是必需的。
- 重复次数：宏运行次数的上限。如果将本参数留空（并且将"重复表达式"也留空），该宏将只运行一次。
- 重复表达式：结果为 True(−1)或 False(0)。当表达式的值为 False 时宏将停止运行。每次宏运行的时候都将计算该表达式的值。

⑦ OpenModule

功能：打开指定模块。

参数说明：

- 模块名称：指定打开模块的名称。
- 过程名称：要在其中打开模块中的某个过程的名称。

⑧ Close

功能：关闭各种数据库对象。

参数说明：

- 对象类型：指定要关闭的窗口的对象类型。
- 对象名称：要关闭的对象名称（在"对象类型"项下选择）。
- 保存：决定关闭时是否要保存对对象的更改。可选择"是"（保存对象）、"否"（关闭对象而不保存）或"提示"（提示用户是否要保存对象）。默认值为"提示"。

2）刷新、查找数据或定位记录

刷新、查找数据或定位记录命令的名称与功能见表 7-1。

表 7-1　刷新、查找数据或定位记录命令

命　　令	功　　　能	命　　令	功　　　能
Requery	刷新控件数据	FindNext	查找指定条件的下一条记录
FindRecord	查找指定条件的第一条记录	GotoRecord	指定当前记录

3）窗口命令

命令的名称与功能见表 7-2。

表 7-2　窗口命令的名称与功能

命　　令	功　　　能	命　　令	功　　　能
Maximize	最大化激活窗口	Restore	将最大、最小窗口恢复原始大小
Minimize	最小化激活窗口		

4）其他常用命令

其他常用命令的名称与功能见表 7-3。

表 7-3 其他常用命令的名称与功能

命　　令	功　　能
RunSQL	执行指定的 SQL 语句
RunApp	执行指定的外部应用程序
Quit	退出 Access
SetValue	设置属性值
Beep	使计算机发出"嘟嘟"声
MsgBox	显示消息框
TransferDatabase	从/向其他数据库导入/导出数据
TransferSpreadsheet	从/向电子表格文件导入/导出数据

在此,对其中一些命令的主要参数也作一个详细介绍。

① RunSQL

SQL 语句:所要运行的操作查询或数据定义查询对应的 SQL 语句(INSERT INTO、DELETE、SELECT…INTO、UPDATE、CREATE TABLE、ALTER TABLE、DROP TABLE、CREATE INDEX、DROP INDEX)。该语句的最大长度是 255 个字符。该参数是必需的。

② RunAPP

命令行:用来启动应用程序(包括路径和任何其他必需的参数,比如在特定模式下运行应用程序所需的开关)。这是必需的参数。

例如,运行记事本程序的命令行为:C:\WINDOWS\system32\notepad.exe。

③ Quit

选项:指定当退出 Access 时对没有保存的对象所作的处理。"提示"(是否保存对话框)、"全部保存"(不经对话框提示即保存所有对象)或"退出"(退出时不保存任何对象)。默认值为"全部保存"。

④ SetValue

项目:要设置值的字段、控件或属性的名称。必须用完整的语法形式引用该项,如 Forms! formname! controlname。该参数是必选参数。

表达式:表达式来对该项的值进行设置。如〔Forms〕!〔学生〕!〔学生编号〕.〔BackColor〕。

⑤ Msgbox

* 消息:消息框中的文本。
* 类型:消息框的类型。每种类型都有不同的图标。可以选择"无"、"重要"、"警告?"、"警告!"或"信息"。默认值是"无"。
* 标题:在消息框标题栏中显示的文本。

图 7.7 所示消息框的标题为"错误提示",消息为"注意:你输入的数据不正确",类型为"警告!"

⑥ TransferSpreadsheet

* 迁移类型:"导入"、"导出"或"链接"。

图 7.7　消息框

- 电子表格类型：所要导入、导出或链接的电子表格的类型。
- 表名：用于指明 Access 表的名称。
- 文件名：用于指明所要导入、导出或链接的电子表格文件的名称。该名称包括完整路径。该参数为必选参数。
- 有字段名称：用于指明电子表格的第一行是否包含字段名。
- 范围：用于指明导入或链接的单元格范围。（如 Sheet1！A1：C7）。当导出时，该参数应为空。

⑦ TransferDatabase

- 迁移类型："导入"、"导出"或"链接"。
- 数据库类型：导入来源、导出目的或链接目的数据库的类型。
- 对象类型：要导入或导出的对象的类型（如表等）。
- 源：要导入、导出或链接的表、选择查询或 Access 对象的名称。
- 目标：目标数据库中导出、导入或链接到的表、选择查询或 Access 对象的名称。
- 仅结构：指明是否忽略数据而仅导入或导出数据库中表的结构。

7.2.2 宏组的创建

宏组是宏的集合，即同一宏名称下存储有多个宏，每个宏均有各自的宏标识。在设计 Access 数据库过程中，可能会创建很多宏，如果把相关的宏分别组织到不同的宏组中，将有助于改善宏的组织和管理。

例 7-2 设计一个宏组，其中包括 Window _ InfoInputSub _ Open、Window _ InfoBrowse_Open、Window_InfoQuery_Open、Window_InfoCount_Open 和 Window_Reprot_Open 5 个宏；这 5 个宏分别用于打开高校教师信息管理中的二级子窗体。

操作过程如下：

(1) 单击数据库窗口对象中的"宏"按钮，再单击"新建"按钮，打开如图 7.1 所示的宏设计窗口。

(2) 选择"视图"→"宏组"选项或单击工具栏中的 按钮。此时的宏窗口显示为如图 7.8 所示的界面。

图 7.8 宏组定义窗口

（3）在窗口第一行的"宏名"列内，输入宏组中的第一个宏的名字"Window_InfoInputSub_Open"。

（4）参照 7.2.1 节中所介绍的方法，在新建宏中添加需要宏执行的 OpenForm 操作，且为定义操作参数窗体名称为 Window_InfoInputSub。

（5）按照图 7.9 定义好其他的宏。

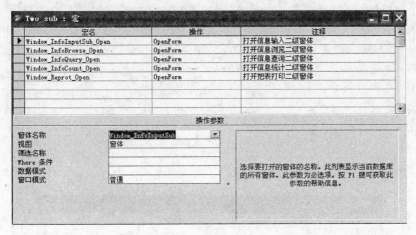

图 7.9　编辑宏组

（6）单击"保存"按钮，在弹出的"另存为"对话框输入"Two_SubForm"，单击"确定"按钮后保存。这样建立的宏组包括 5 个宏，分别用于打开相应的窗体。

注意：

（1）可以使用"宏名称. 宏名"来标识宏组中不同的宏。如该宏组中 Window_InfoInputSub_Open 这个宏的完整标识就是 Two_SubForm. Window_InfoInputSub_Open。

（2）对宏组而言，如果不具体指定其中的宏标识，系统将自动执行宏组中的首个宏指定的操作。

7.2.3　条件宏的创建

对于操作序列宏来说，它的执行是从第一行，执行到宏操作的最后一行。但有时用户要根据条件的真假有选择地执行宏中的操作，Access 采用条件宏来实现该功能。

例 7-3　设计一个条件宏，首先要求用户输入密码（假设密码为"6666"），如果密码正确将发出两声蜂鸣并打开预览"监考教师信息报表"。无论密码正确与否，都向用户提出致谢。

操作过程如下：

（1）单击数据库窗口对象中的"宏"按钮，单击"新建"按钮，打开如图 7.1 所示的宏设计窗口。

（2）选择"视图"→"条件"命令或单击工具栏中的 按钮。此时的宏窗口显示为图 7.10 所示的界面。在条件列中输入 InputBox("请输入","密码")＝"6666"。

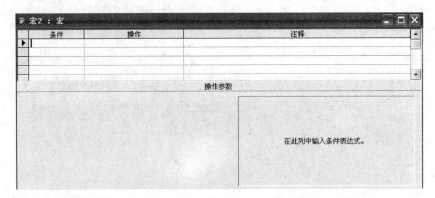

图 7.10　条件宏窗口

（3）按照图 7.11 所示的窗口定义行。

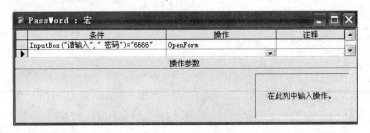

图 7.11　条件宏

（4）单击"保存"按钮,在弹出的"另存为"对话框中输入"PassWord",单击"确定"按钮后保存。

然后运行该宏,就会弹出如图 7.12 所示的对话框供用户输入密码。

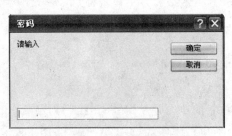

图 7.12　InputBox 弹出的对话框

注意:

（1）该宏前三个操作是有条件的,如果条件成立,则执行条件后的操作,如果条件不成立,则往下执行。

（2）如果下行的条件与上行相同,条件可用"…"(三个西文句点)代替。

7.3　Access 宏的编辑

　　前面介绍了创建宏的方法。但是,创建完毕一个宏之后,还常常需要添加新的操作或修改已有操作的不足,这就需对宏进行编辑与修改。对宏的修改实际是对宏操作的修改,如添加操作、删除操作或修改操作。

7.3.1　添加新操作

　　当建好了一个宏之后,还常常会根据实际需要再向宏中添加一些新的操作或删除已有的操作。

　　操作过程是在数据库窗口中打开需要修改的宏,按照添加的新操作与其他操作的关系,将新操作添加到"操作"列的不同位置中。如果新添的操作与其他操作没有直接关系,可以在"设计"窗口的"操作"列中单击第一个空白行;如果新添的操作位于两个操作行之间,则单击插入行下面的操作行的行选定器,然后在工具栏中单击"插入行"按钮 ➡。然后在该行定义要添加的操作。

7.3.2　删除操作

　　操作过程是在数据库窗口中打开需要修改的宏,单击删除行的行选定器,再单击工具栏中的删除行按钮 ➡就可删除操作行,当然也可以直接在操作列中把指定的操作取消。

7.3.3　复制宏操作

　　前面我们基本介绍完了一个宏的创建过程,对于宏有关的操作还包括对宏的复制操作。

　　在 Access 中,对一个宏进行复制可以是对整个宏进行复制,或是对宏中的某个操作进行复制。在复制某个操作时,需要利用"行选定器"先选定要复制的操作,然后,再利用工具栏中的"复制"按钮 ➡对选取的内容进行复制。

　　注意:在进行复制操作时,Access 将同时复制相关的操作参数、宏和条件表达式。

7.4　宏的执行和调试

　　在执行宏时,Access 将从宏的起始点启动,并执行宏中所有操作,一直执行到宏组中另一个宏或者到宏的结束点为止。

　　宏常规的执行方式可分为两种。一是在数据库窗口直接运行,二是在打开数据库时自动执行宏。这一节主要介绍宏的执行和调试。

7.4.1　在数据库窗口执行宏

在 Access 中,用户可以直接执行创建好的宏。通常我们在下列的几种情况下直接执行宏。

(1)在宏设计视图窗口中,单击工具栏中的"执行"按钮![]。

(2)在数据库窗口的"宏"选项卡中,双击相应的宏名。

(3)在窗体设计视图或报表设计视图中,利用菜单命令执行宏,选择"工具"→"宏"→"运行宏"命令,然后单击"宏名"对话框中相应的宏。

(4)在 Access 的其他地方利用菜单执行宏,选择"工具"→"宏"→"运行宏"命令,然后在对话框中选择宏名(如图 7.13 所示),单击"确定"按钮。

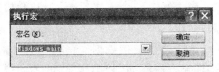

图 7.13　"执行宏"对话框

通常情况下,直接执行宏只是进行测试。可以在确保宏的设计无误之后,将宏附加到窗体、报表或控件中,以对事件作出响应。

7.4.2　自动启动宏

如果一个宏名为 Autoexec,当该宏所属的数据库被打开时,宏 Autoexec 就会自动运行。宏 Autoexec 就是特殊的自动启动宏,它会在数据库文件被打开时自动运行。如果 Autoexec 是一个宏组,自动运行的将是宏组中的首个宏。

注意:每个 Access 数据库中有且最多只能有一个 Autoexec 自动启动宏。

7.4.3　宏的调试

在建立宏的过程中,我们还常常会遇到一些问题。如果一个宏中存在错误,可以依靠系统提供的调试功能来修改错误,其中一个主要的方法就是单步执行宏。

使用单步执行宏可以观察到宏的流程和每一个操作的结果,并且可以排除导致错误或产生非预期结果的操作。操作过程是:打开相应的宏,在工具栏中单击"单步"按钮![],然后单击执行按钮"![]"。此时可以看到如图 7.14 所示的"单步执行宏"对话框。

Access 将在该对话框中显示出错操作的操作名称、参数及相应的条件。利用该对话框可以了解在宏中出错的操作。该对话框左侧有"单步执行"、"停止"与"继续"3 个按钮。"单步执行"按钮的作用是执行宏中下一个操作;"继续"按钮的作用是终止当前调试

图 7.14　"单步执行宏"对话框

并连续执行余下的操作;"停止"按钮的作用是停止当前宏的运行和调试,进入宏"设计"视图窗口中对出错宏进行相应的操作修改。

注意:如果要在宏执行过程中暂停宏的执行,然后再以单步执行宏,按 Ctrl＋Pause Break 键即可。

7.5 宏 的 应 用

宏的应用主要体现在如下两方面:一是作为窗体或报表控件的事件,当控件产生动作时对事件进行响应,如可以将某个宏附加到窗体中的命令按钮上,这样在用户单击按钮时就会执行相应的宏;二是可以创建执行宏的自定义菜单命令或工具栏按钮,单击宏键可以完成一定的操作。

7.5.1 事件触发宏

除了前面所说的直接执行宏之外,还可以将宏作为窗体或报表中的控件的事件。

例 7-4 在如图 7.15 所示的 Window_Main 窗体中,为其中的命令按钮控件设定事件为 Two_SubForm 宏组中相应的宏。

操作过程如下:

(1) 右击"信息录入"左边的按钮,执行"属性"命令,打开属性对话框,将事件选项卡中的单击设为 Two_SubForm. Window_InfoInputSub_Open 宏,如图 7.16 所示。

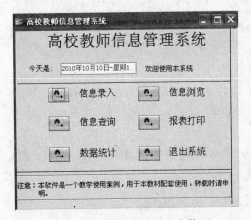

图 7.15 用来触发宏的窗体

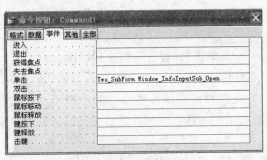

图 7.16 宏事件的设置

(2) 用同样的方法为"信息浏览"、"信息查询"、"报表打印"与"数据统计"按钮分别设置宏事件 Two_SubForm. Window_InfoBrowse_Open、Two_SubForm. Window_InfoQuery_Open、Two_SubForm. Window_Reprot_Open 与 Two_SubForm. Window_InfoCount_Open。

(3) 保存窗体。

(4) 运行该窗体,分别单击各个按钮进行测试。

7.5.2 在宏中引用宏

在 Access 中,用户可以十分容易地完成对一个已有宏的引用,这样可以为用户节省设计的时间。从其他的宏或 Visual Basic 程序中执行宏就是将 RunMacro 操作添加到相应的宏或程序中。

具体操作方法是:单击空白操作行的操作列表中的 RunMacro,并且将 MacroName 参数设置为要执行的已有宏的宏名。这样在执行新创建的宏时,便可以执行已有宏中设置的操作,而不必再在新建的宏中逐一添加所需的操作。

如果要在 Visual Basic 程序中完成已有宏中相同的操作,则将 RunMacro 操作添加到 Visual Basic 程序中。具体操作方法是:在程序中添加 DoCmd 对象的 RunMacro 方法,然后指定要执行的宏名。例如,DoCmd.RunMacro "Macro1"将执行宏 Macro1。

7.5.3 热键触发宏

热键即快捷键,就是键盘上某几个特殊键组合起来完成一项特定任务。比如在 Windows 中按 Del+Ctrl+Alt 键就可以打开 Windows 任务管理器。在 Access 中也可以通过宏来定义热键。

例 7-5 为 Access 数据库指定一套操作键,用 Ctrl+Insert 键最大化窗口,用 Ctrl+Delete 键最小化窗口。

(1)单击数据库窗口对象中的"宏"按钮,单击"新建"按钮,打开宏设计窗口。

(2)选择"视图"→"宏组"命令或单击工具栏中的 ᵐ 按钮。此时的宏窗口显示了宏名列。

(3)按如图 7.17 所示定义各行。

图 7.17　AutoKeys 宏

(4)单击"保存"按钮,在弹出的"另存为"对话框输入"AutoKeys"。

此时就可以体验热键宏的作用了。按 Ctrl+Insert 键将数据库当前活动窗口最大化,按 Ctrl+Delete 键将数据库当前活动窗口最小化。

7.5.4 将宏添加到工具栏

如果将宏添加到工具栏中,用户在运行宏时,只需单击工具栏中的相应按钮就可以运行宏了。这里举例说明将宏添加到工具栏的方法。

例 7-6 创建一个含有 4 个按钮的工具栏,分别用于控制数据库窗口的最大化、最小化、恢复与关闭。

为了完成该工作。需要分两步走,一步是定义由 4 个宏构成的宏组,第二步把宏组中的宏添加到工具栏。

（1）首先创建如图 7.18 所示的宏组，然后把它保存为"工具宏组"。

（2）选择"工具"→"自定义"命令，打开"自定义"对话框。切换到"工具栏"选项卡，单击"新建"按钮新建一个"窗口工具"，如图 7.19 所示。

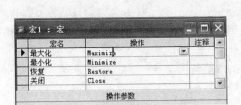

图 7.18　工具栏宏组

图 7.19　自定义工具窗口

（3）将"自定义"对话框切换到"命令"选项卡。在左侧"类别"中选中"所有宏"，右侧"命令"列表中将显示已定义过的宏命令，拖动宏命令"工具宏组.最大化"、"工具宏组.最小化"、"工具宏组.恢复"与"工具宏组.恢复"，将其添加到"窗口工具"，如图 7.20 所示。

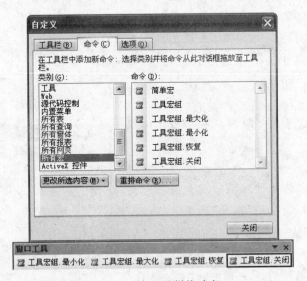

图 7.20　向工具栏拖动宏

通过定义后，这些工具就可以在该数据库窗口中使用了。

7.5.5 将宏添加到窗体菜单

如果将宏添加到系统菜单中,用户在运行宏时,只需执行菜单命令就可以运行宏。

下面介绍将宏添加到菜单的过程。

例7-7 创建一个含有4个菜单项的菜单栏,分别用于控制数据库窗口的最大化、最小化、恢复与关闭。

为了完成该工作。需要分两步走,一步是定义由4个宏构成的宏组,第二步把宏组中的宏添加到菜单栏中。

(1) 首先创建例7-6中的宏组,然后把它保存为"菜单栏宏组"。

(2) 打开如图7.19所示的对话框,单击"新建"按钮创建"我的菜单",此时对话框的列表中将出现"我的菜单栏",选中"我的菜单栏",单击"属性"按钮打开如图7.21所示的对话框,设置其中的类型为"菜单栏",并关闭该对话框。

图 7.21 工具栏属性对话框

(3) 将"自定义"对话框切换到"命令"选项卡。在左侧"类别"中选中"所有宏",右侧"所有宏"列表中将显示已定义过的宏命令,拖动宏命令"菜单栏宏组.最大化"、"菜单栏宏组.最小化"、"菜单栏宏组.关闭"与"菜单栏宏组.恢复"将其添加到"我的菜单"栏,如图7.22所示。

图 7.22 我的菜单

通过定义后,这些菜单就可以在该数据库窗口中使用了。

(4) 新建或打开一个窗体,右击窗体打开窗体属性对话框,从窗体属性对话框左上角的列表框中选择"窗体",并切换到"其他"选项卡,在"菜单栏"列表中选择上面创建的"我的菜单",如图7.23所示。

(5) 保存窗体后,打开该窗体,刚刚创建的"我的菜单"随窗体的打开而打开,随窗体的关闭而关闭。

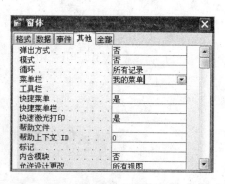

图 7.23 窗体菜单的设定

小　结

- 宏由一些操作和命令组成。
- 宏可以分为操作序列宏、宏组和含有条件的宏 3 类。
- Access 中有 53 种基本的宏操作，不同的操作其参数也会不同。
- 宏组是宏的集合，即同一宏名称下存储有多个宏，每个宏又都有各自的宏标识。
- 条件宏是根据条件的真假有选择性地执行宏中的操作。
- 宏可以直接运行，也可以作为控件的事件，也可以在 VBA 中调用。
- 当 Autoexec 宏所属的数据库被打开时，它会自动运行。

习　题　7

1. 单选题

(1) 宏是一个或多个_____的集合。

　　A. 事件　　　　　　B. 操作　　　　　　C. 关系　　　　　　D. 记录

(2) 在一个宏的操作序列中，如果既包含带条件的操作，又包含无条件的操作。则带条件的操作是否执行取决于条件式的真假，而没有指定条件的操作则会_____。

　　A. 无条件执行　　B. 有条件执行　　　C. 不执行　　　　　D. 出错

(3) 定义_____有利于对数据库中宏对象的管理。

　　A. 宏　　　　　　　B. 宏组　　　　　　C. 数组　　　　　　D. 窗体

(4) 要限制宏操作的操作范围，可以在创建宏时定义_____。

　　A. 宏操作对象　　　　　　　　　　　B. 宏条件表达式

　　C. 窗体或报表控件属性　　　　　　　D. 宏操作目标

(5) 有关宏操作，以下叙述错误的是_____。

　　A. 宏的条件表达式中不能引用窗体或报表的控件值

　　B. 所有宏操作都可以转化为相应的模块代码

　　C. 使用宏可以启动其他应用程序

　　D. 可以利用宏组来管理相关的一系列宏

(6) 在条件宏设计时，对于连续重复的条件，可以代替的符号是_____。

　　A. ...　　　　　　　B. =　　　　　　　C. ,　　　　　　　D. ;

(7) 下列命令中，属于通知或警告用户的命令是_____。

　　A. Restore　　　　B. Requery　　　　C. MsgBox　　　　D. RunApp

(8) 为窗体或报表上的控件设置属性值的宏命令是_____。

　　A. Echo　　　　　　B. MsgBox　　　　C. Beep　　　　　　D. SetValue

（9）某窗体中有一命令按钮，在窗体视图中单击此命令按钮打开另一个窗体，需要执行的宏操作是_____。

  A. OpenQuery B. OpenReport C. OpenWindow D. OpenForm

（10）打开查询的宏操作是_____。

  A. OpenForm B. OpenQuery C. OpenTable D. OpenModule

（11）VBA 的自动运行宏，应当命名为_____。

  A. AutoExec B. AutoExe C. Auto D. AutoExec、bat

（12）能够创建宏的设计器是_____。

  A. 窗体设计器 B. 报表设计器 C. 表设计器 D. 宏设计器

（13）有多个操作构成的宏，执行时是按_____依次执行的。

  A. 排序次序 B. 输入顺序 C. 从后往前 D. 打开顺序

（14）下列不属于打开或关闭数据表对象的命令是_____。

  A. OpenForm B. OpenReport C. Close D. RunSQL

（15）在宏的表达式中还可能引用到窗体或报表上控件的值。引用窗体控件的值可以用表达式_____。

  A. Forms!窗体名!控件名   B. Forms!控件名

  C. Forms!窗体名   D. 窗体名!控件名

（16）在宏的表达式中要引用报表 test 中控件 txtName 的值，可以使用引用式_____。

  A. txtName   B. test!txtName

  C. Reports!test!txtName   D. Reports!txtName

（17）在 Access 中，自动启动宏的名称是_____。

  A. AutoExec B. Auto C. Auto. bat D. AutoExec. bat

（18）在宏的条件表达式中，要引用 rptT 报表中名为 txtName 控件的值，可以使用的引用表达式是_____。

  A. Reports!rptT!txtName   B. Report!txtName

  C. rptT!txtName   D. txtName

（19）在一个数据库中已经设置了自动宏 AutoExec，如果在打开数据库的时候不想执行这个自动宏，正确的操作是_____。

  A. 用 Enter 键打开数据库   B. 打开数据库时按住 Alt 键

  C. 打开数据库时按住 Ctrl 键   D. 打开数据库时按住 Shift 键

（20）假设某数据库已建有宏对象"宏 1"，"宏 1"中只有一个宏操作 SetValue，其中第一个参数项目为[Label0].[Caption]，第二个参数表达式为[Text0]。窗体 fmTest 中有一个标签 Label0 和一个文本框 Text0，现设置控件 Text0 的"更新后"事件为运行"宏 1"，则结果是_____。

  A. 将文本框清空

  B. 将标签清空

  C. 将文本框中的内容复制给标签的标题，使二者显示相同内容

D. 将标签的标题复制到文本框,使二者显示相同内容

(21) 宏操作 SetValue 可以设置_____。

    A. 窗体或报表控件的属性   B. 刷新控件数据

    C. 字段的值   D. 当前系统的时间

(22) 不能够使用宏的数据库对象是_____。

    A. 数据表   B. 窗体   C. 宏   D. 报表

(23) 在下列关于宏和模块的叙述中,正确的是_____。

    A. 模块是能够被程序调用的函数

    B. 通过定义宏可以选择或更新数据

    C. 宏或模块都不能是窗体或报表上的事件代码

    D. 宏可以是独立的数据库对象,可以提供独立的操作动作

(24) 要限制宏命令的操作范围,可以在创建宏时定义_____。

    A. 宏操作对象   B. 宏条件表达式

    C. 窗体或报表控件属性   D. 宏操作目标

(25) 在运行宏的过程中,宏不能修改的是_____。

    A. 窗体   B. 宏本身   C. 表   D. 数据库

(26) 宏操作 Quit 的功能是_____。

    A. 关闭表   B. 退出宏   C. 退出查询   D. 退出 Access

2. 填空题

(1) 宏是一个或多个_____的集合。

(2) 如果希望按满足指定条件执行宏中的一个或多个操作,这类宏称为_____。

(3) 用于执行指定 SQL 语句的宏操作是_____。

(4) 打开一个表应该使用的宏操作是_____。

(5) 如果要引用宏组中的宏名,采用的语法是_____。

(6) 定义_____有利于数据库中宏对象的管理。

(7) 有多个操作构成的宏,执行时是按_____执行的。

(8) VBA 的自动运行宏,必须命名为_____。

实 验 7

实验目的:构造高校教师信息管理系统中的宏,熟悉宏的创建过程。

实验要求:按照宏的设计要求,设计好每个宏。

实验学时:2 课时

实验内容与提示:

(1) 为高校教师信息管理系统设计一个宏,运行该宏时将打开 Window_Main 窗体,宏命名为 Window_Main。

（2）请创建一个宏组 Two_SubForm，其中包含的宏与操作如图 7.10 所示。然后打开 Window_main 窗体，为命令按钮设置如表 7-4 所示的单击事件。

表 7-4　Windows_main 窗体命令按钮与事件对照关系

命令按钮	单击事件
Command1	Two_SubForm. Window_InfoInputSub_Open
Command2	Two_SubForm. Window_InfoQuery_Open
Command3	Two_SubForm. Window_InfoBrowse_Open
Command4	Two_SubForm. Window_Reprot_Open
Command5	Two_SubForm. Window_InfoCount_Open

（3）请创建一个信息输入宏组 InputInfo，宏组中的每个宏名与操作如表 7-5 所示。然后，打开 Window_InfoInputSub 窗体，为每个命令按钮设置如表 7-6 所示的单击事件。

表 7-5　宏组 InputInfo 中宏对应的操作

宏　名	操　作
TeacherInfo	打开 Window_TIMS_TeacherInfo 窗体
LectureInfo	打开 Window_TIMS_LectureInfo 窗体
PaperInfo	打开 Window_TIMS_PaperInfo 窗体
ProjectInfo	打开 Window_TIMS_ProjectInfo 窗体
PublicationInfo	打开 Windows_TIMS_PublicationInfo 窗体
HonourInfo	打开 Window_TIMS_honourInfo 窗体

注意：打开模式为"对话框"。

表 7-6　Window_InfoInputSub 窗体命令按钮与事件对照关系

命令按钮	单击事件	命令按钮	单击事件
Command1	InputInfo. TeacherInfo	Command4	InputInfo. ProjectInfo
Command2	InputInfo. LectureInfo	Command5	InputInfo. PublicationInfo
Command3	InputInfo. PaperInfo	Command6	InputInfo. HonourInfo

（4）创建 qT_windows 宏组，该宏组构成的宏用于打开信息查询相对应的窗体。每个宏名对应的操作如表 7-7 所示。然后为信息查询窗体的命令按钮设置如表 7-8 所示的单击事件。

表 7-7　宏组 qT_windows 中各个宏对应的操作

宏　　名	操　作
Window_qT_Paper_OP	打开 Window_qT_Paper 窗体
Window_qT_Project_OP	打开 Window_qT_Project 窗体
Window_qT_Publication_OP	打开 Window_qT_Publication 窗体
Window_qT_TeacherInfo_OP	打开 Window_qT_TeacherInfo 窗体
Windows_qT_Honour_OP	打开 Windows_qT_Honour 窗体
Windows_qT_Lecture_OP	打开 Windows_qT_Lecture 窗体
Window_qT_Project_Finished_OP	打开 Window_qT_Project_Finished 窗体

表 7-8　信息查询窗体中命令按钮与事件对照关系

命令按钮	单 击 事 件
Command1	qT_windows. Window_qT_TeacherInfo_OP
Command2	qT_windows. Windows_qT_Lecture_OP
Command3	qT_windows. Window_qT_Paper_OP
Command4	qT_windows. Window_qT_Project_OP
Command5	qT_windows. Window_qT_Publication_OP
Command6	qT_windows. Windows_qT_Honour_OP
Command7	qT_windows. Window_qT_Project_Finished_OP

（5）打开 Window_main 窗体，对设置了宏事件的按钮进行测试。

第 8 章　模块

模块是用 Access 所提供的 VBA(Visual Basic for Application)语言编写的程序段。模块有类模块和标准模块两种基本类型。模块主要由过程组成,模块中的每一个过程都可以是一个函数过程或一个子程序。模块可以与报表或窗体等对象结合使用,以建立完整的应用程序。本章将学习模块有关的知识。

主要学习内容

- 模块与 VBA;
- VBA 程序设计基础;
- VBA 程序设计;
- VBA 程序调试。

8.1　模块与 VBA

模块是 Access 系统中的一个重要对象,它是以 VBA 语言为基础编写的,以函数过程(Function)或子过程(Sub)为单元的集合方式存储的 VBA 程序。模块基本上是由声明、语句和过程组成的集合,它们被作为一个已命名的单元存储在一起。

8.1.1　模块简介

模块具有很强的通用性,窗体、报表等对象都可以调用模块内部的过程。在 Access 中,模块分为类模块和标准模块两种类型。

1. 类模块

窗体模块和报表模块都属于类模块,它们从属于各自的窗体或报表。在窗体或报表的设计视图环境下有两种方法进入相应的模块代码设计区域:一是单击工具栏中的“代码”按钮 进入;二是为窗体或报表创建事件过程时,系统会自动进入相应代码设计区域。窗体模块和报表模块通常都含有事件过程,而过程的运行用于响应窗体或报表上的事件。使用事件过程可以控制窗体或报表的行为,以及它们对用户操作的响应。

窗体模块和报表模块中的过程可以调用标准模块中已经定义好的过程。窗体模块和报表模块具有局部特性,其作用范围局限在所属窗体或报表内部,而生命周期则随着应用程序的运行而开始,随着应用程序的结束而终结。

2. 标准模块

标准模块一般用于存放供其他 Access 数据库对象使用的公共过程。在 Access 系统中可以通过创建新的模块对象进入其代码设计环境。标准模块通常安排一些公共变量或过程供类模块中的过程调用。在各个标准模块内部也可以定义私有变量和私有过程仅供本模块内部使用。

标准模块中的公共变量和公共过程具有全局特性,其作用范围为整个应用程序,生命周期是伴随着应用程序的运行而开始,随着应用程序的结束而结束。

8.1.2 模块组成

模块以 VBA 语言为基础,由声明和过程两部分组成。过程是构成模块的基本单元,过程是 VBA 程序代码的容器,是程序中的若干逻辑部件,可分为 Sub 子过程和 Function 函数过程。

1. 子过程

子过程是由 Sub 和 End Sub 语句包含起来的 VBA 语句,其格式如下:

```
[Private|Public|Friend] Sub 子过程名(参数列表)
    <子过程语句>
    [Exit Sub]
    <子过程语句>
End Sub
```

该过程的调用方法是在该子过程之外用 CALL 显示调用,调用的具体方法为:Call mysub(参数 1,参数 2,…)。也可以直接引用过程名来调用该子过程。

2. 函数过程

函数过程是由 Function 和 End Function 语句包含起来的 VBA 语句,其格式如下:

```
[Private|Public][Static]Function 函数名(参数行)[As 数据类型]
    <函数语句>
    [Exit Function]
    <函数语句>
End Function
```

函数过程不能使用 Call 来调用执行,还是直接引用函数过程名,如 x=myFuntion(参数)将获得函数的值。

8.1.3 模块创建

1. 创建新模块

1）创建标准模块

创建标准模块的过程是：打开数据库，单击数据库窗口左边对象列表中的"模块"选项，然后单击工具栏上的"新建按钮"，打开如图8.1所示的"Visual Basic 编辑器"，该视图中显示了模块设计视图且创建了空白标准模块。当然，也可以选择"Visual Basic 编辑器"菜单中的"插入"→"模块"命令，会出现一个空白的标准模块。此时，用户就可以在代码窗口中进行代码编写。

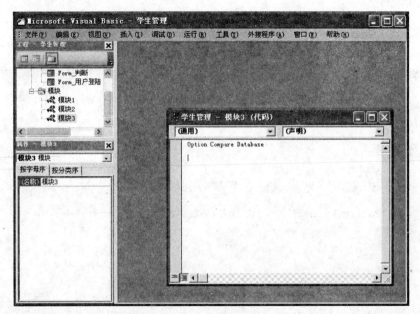

图 8.1　代码编辑窗口

2）创建类模块

根据窗体与报表的相关性，类模块分为与窗体报表相关的类模块和与窗体报表不相关的类模块。创建与窗体或报表相关的类模块的过程如下：

双击工程窗口中的窗体名称，然后在弹出的新建模块代码窗口中为各函数输入代码即可，如图8.2所示。

创建与窗体或报表相关的类模块步骤如下：

选择"数据库"窗口或"Visual Basic 编辑器"的菜单中的"插入"→"类模块"命令，即可在"Visual Basic 编辑器"中看到一个空白的类模块，用户仅需将所需的声明或过程添加到类模块设计视图中保存即可。

注意：类中定义的变量为对象的属性，子过程和函数则将成为对象的方法。

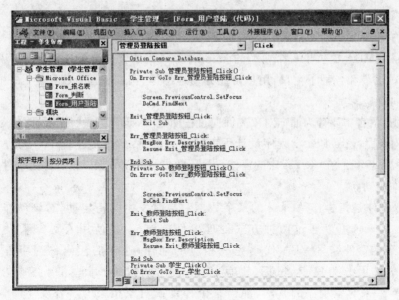

图 8.2　窗体类模块

2. 将宏转换为 VBA 代码

在第 7 章中介绍了宏有关的知识,宏实质上也是由 VBA 代码构成的,只是这些代码是由 Access 自动生成的。宏有两种,一种是窗体或报表上的宏,另一种是全局宏。将窗体或报表上的宏转换为 VBA 代码的方法如下:

(1) 选择数据库窗口中的宏对象。

(2) 选择"工具"→"宏"→"将宏转换为 Visual Basic 代码"命令。

(3) 在弹出的"转换宏"对话框中,选择所需项,单击"转换"按钮即可。

将全局宏转换为 VBA 代码的方法如下:

(1) 在"数据库"窗口中,单击左侧对象列表中的"宏"对象按钮,在宏对象列表框中选择要转换的宏名。

(2) 选择"文件"→"另存为"命令,然后在"另存为"对话框中输入保存的文件名,在"保存类型"中选择"模块",单击"确定"按钮。

(3) 在弹出的"转换宏"对话框中,选择所需选项,单击"转换"按钮。

8.2　VBA 程序设计基础

8.2.1　VBA 简介

1. VBA 的特点

VBA 是 Access 的开发语言,其语法与 Visual Basic 编程语言相互兼容,通过它可以

像编写 VB 语言一样来编写 VBA 程序。简要地说,VBA 有以下一些特点:

1) 操作简单

Access 为 VBA 提供了一个典型的 Windows 风格的集成开发环境——VBE,通过它上面的菜单、工具和各种子窗口,用户可以方便地编译、调试和运行程序。

2) 面向对象

程序设计语言主要分为面向对象和面向过程两大类,而 VBA 就是一种面向对象的程序设计语言,对象是 Visual Basic 程序设计语言的核心,而 Access 更是基于对象的,对象在数据库编程中无处不在,在 Access 中的窗体、报表、数据页甚至数据库本身都是一种对象。

3) 事件驱动

Access 事件是指操作 Access 的某个数据对象时发生的特定动作,该动作是对象可以识别的。Access 可以通过两种方式处理事件响应,一是使用宏对象来设置事件属性,二是为某个事件编写 VBA 代码完成相应的动作,这样的代码称为事件过程。在 Access 中,事件可分为焦点、鼠标、键盘、窗体、打印、数据、筛选和系统环境等 8 类。VBA 采用事件来驱动程序的方法,即当某个控件或对象相关的事件发生时,会自动启动相应的程序。

2. VBE 界面

在 Access 中,有多种方式打开 VBE 窗口。一是先单击数据库窗口中的“模块”对象,然后双击所要显示的模块名称,此时,Access 会打开 VBE 窗口并显示该模块的内容;二是单击数据库窗口工具栏中的“新建”按钮,就会在 VBE 中创建一个空白模块;三是通过在数据库窗口中,选择“工具”→“宏”→“Visual Basic 编辑器”命令打开 VBE 窗口。

VBE 窗口包括窗口菜单、标准工具栏、工程窗口、属性窗口和代码窗口 5 部分,如图 8.3 所示。另外,VBE 窗口中还有对象窗口、对象浏览器、立即窗口、本地窗口和监视窗口等,这些窗口可以通过“视图”菜单中相应命令来选择显示。

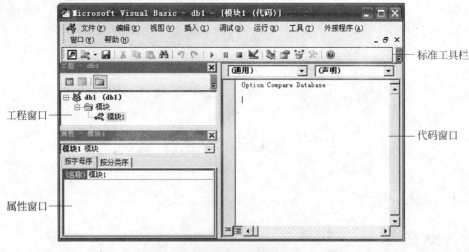

图 8.3　VBE 窗口

1) 菜单

VBE 共有文件、编辑、视图、插入、调试、运行、工具、外接程序、窗口和帮助 10 个菜单。各个菜单的功能如表 8-1 所示。

表 8-1　菜单及其说明

菜　单	说　　明
文件	文件的保存、导入、导出等基本操作
编辑	基本的编辑命令
视图	控制 VBE 的视图
插入	进行过程、模块、类或文件的插入
调试	调试程序的基本命令,包括监视、设置断点等
运行	运行程序的基本命令,如运行、中断等命令
工具	用来管理 VB 的类库等的引用、宏以及 VBE 编辑器的选项
外接程序	管理外接程序
窗口	设置各个窗口的显示方式
帮助	用来获得 Microsoft Visual Basic 的链接帮助以及网络帮助资源

2) 标准工具栏

标准工具栏中包括创建模块时常用的命令按钮,用户可通过选择或撤销"视图"→"工具栏"→"标准"命令确定显示还是隐藏标准工具栏。标准工具栏及其上的按钮如图 8.4 所示。

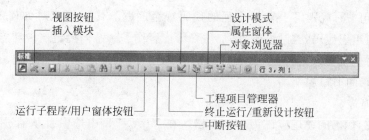

图 8.4　标准工具栏

3) 工程窗口

工程窗口又叫工程资源管理器窗口,用于显示应用程序中用到的模块文件列表。通过它可以控制代码窗口、对象窗口以及对象文件夹的显示。双击工程窗口中的模块或类,相应的代码就会在代码窗口中显示出来。

4) 属性窗口

用于显示所选对象的属性,可"按字母序"和"按分类序"查看并编辑这些对象的属性,这种修改对象属性的方法属于"静态"设置方法。还可以在代码窗口中使用 VBA 代码编辑对象的属性,这种方法属于"动态"设置方法。

5) 代码窗口

用于输入和编辑 VBA 代码。用户可以打开多个代码窗口用来查看各个模块的代码。在代码窗口中,关键字和普通代码的颜色是不同的,可以很容易地区分。VBE 的代码窗口嵌入了一个成熟的开发和调试系统,程序的开发与调试依靠该系统实现。在代码窗口的顶部有两个组合框,左边是对象组合框,右边是过程组合框。对象组合框中列出的是所有可用的对象名称,选择某一对象后,在过程组合框中将列出该对象所有的事件过程。在工程资源管理器窗口中双击任何 Access 类或模块对象都可以在代码窗口中打开相应的代码,然后就可以对它进行检查与编辑。另外,VBE 继承了 VB 编辑器的众多功能,例如自动显示快速信息、快捷的上下文关联帮助及快速访问子过程等功能。代码窗口如图 8.5 所示。

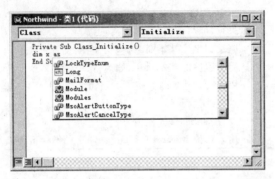

图 8.5 VBE 代码窗口

3. VBA 语句书写规则

VBA 语句书写规则属于软件工程的代码规范问题。代码规范对如何定义变量、过程、函数,如何组织代码,控制缩进,添加注释等内容作了一系列规定与说明。代码规范的目的在于编写规格一致的代码,提高代码的可读性,使其易于修改和交流。在此仅介绍 VBA 程序代码的书写规则。

1) 合理缩进

一般来说,代码的缩进应该为 4 个空格。在 VBA IDE 中选中自动缩进,并设置为 4 个字符。一个过程的语句要比过程名称缩进 4 个空格,在循环,判断语句、With 语句之后也要同样缩进。例如:

```
If strText=" " Then
    NoZeroLengthString=Null
Else
```

2) 注意行的长度

通常一个语句写在一行,但一行最多容纳 255 个字符,建议一行代码的最大长度不要超过 80 个字符,在 VBA 中,可以使用续行符"—"将长的代码行分为数行,后续行应该缩进以表示与前行的关系。

3) 使用空行

一个模块内部的过程之间要使用空行隔开,模块的变量定义和过程之间也应该空 1 行。过程内部,变量定义和代码之间应该空 1 行。在一组操作和另一组操作之间也应该空 1 行显示其逻辑关系。空行能有效地提高程序的可读性。

注意：空行没有必须遵守的规则，其使用的目的是显示程序的逻辑关系。

4）书写注释

通常，一个好的程序一般都有注释语句。这对程序的维护及代码的共享都有极其重要的意义。在 VBA 程序中，注释可以通过使用 Rem 语句或用"'"号实现。例如下面的代码中分别使用了这两种方式进行代码注释。

```
Rem 声明两个变量
Dim MyStr1,MyStr2 As String
MyStr1="Hello": Rem MyStr1 赋值为"Hello"
MyStr2="World"        'MyStr2MyStr1 赋值为"World"
```

其中 Rem 注释在语句之后要用冒号隔开，因为注释在代码窗口中通常以绿色显示，因此可以避免书写错误。

5）注意大小写

VBA 源程序不分大小写，英文字母的大小写是等价的（字符串除外）。但是为了提高程序的可读性，VBA 编译器对不同的程序部分都有默认的书写规则，当程序书写不符合这些规则时，编译器会自动进行转换。例如，关键字默认首字母大写，其他字母小写。

8.2.2 VBA 基础知识

1. 数据类型

VBA 同其他的编程语言一样，也要对数据进行操作。为此，VBA 也支持多种数据类型，为用户编程提供了方便。表 8-2 列出了 VBA 程序中主要的数据类型，以及它们的存储要求和取值范围。

表 8-2 VBA 支持的数据类型

数据类型	类型名称	存储空间	取值范围
Byte	字节型	1 字节	$0 \sim 255$
Boolean	布尔型	2 字节	True 或 False
Integer	整型	2 字节	$-32\,768 \sim 32\,767$
Long	长整型	4 字节	$-2\,147\,483\,648 \sim 2\,147\,483\,647$
Single	单精度浮点型	4 字节	负数：$-3.402823E38 \sim -1.40898E-45$； 正数：$1.40898E-45 \sim 3.402823E38$
Double	双精度浮点型	8 字节	负数：$-1.79769313486232E308 \sim -4.9406564584847E-324$； 正数：$4.9406564584847E-324 \sim 1.79769313486232E308$
Currency	货币型	8 字节	$-922\,337\,203\,685\,477.5808 \sim 922\,337\,203\,685\,477.5807$

数据类型	类型名称	存储空间	取 值 范 围
Decimal	十进制小数型	14 字节	无小数点时：+/-79 228 162 514 264 337 593 543 950 335 有小数点时又有 28 位数时： +/-7.9228162514264337593543950335； 最小的非零值： +/-0.000000000000000 0000000000001 Decimal 数据类型只能在 Variant 中使用
Date	日期型	8 字节	100 年 1 月 1 日到 9999 年 8 月 31 日
Object	对象	4 字节	任何对象引用
String(fixed)	定长字符串	10 字节+字符串长	0 到大约 20 亿
String(variable)	变长字符串	字符串长	1 到大约 65 400
Variant（数字）	变体数字型	16 字节	任何数字值，最大可达 Double 的范围
Variant（字符）	变体字符型	22 字节+字符串长	与变长 String 有相同的范围
Type	自定义类型	所有元素所需数目	每个元素的范围与它本身的数据类型的范围相同

其中 Variant 数据类型是所有没被显式声明为其他类型变量的数据类型。Variant 是一种特殊的数据类型，除了定长 String 数据及用户定义类型外，可以包含任何种类的数据。Variant 也可以包含 Empty、Error、Nothing 及 Null 等特殊值。通常，数值 Variant 数据保持为其 Variant 中原来的数据类型。可以用 Variant 数据类型来替换任何数据类型，这样会更有适应性。Empty 值用来标记尚未初始化的 Variant 变量。内含 Empty 的 Variant 在数值的上下文中表示 0，如果是用在字符串的上下文中则表示零长度的字符串。Null 表示 Variant 变量含有一个无效数据。在 Variant 中，Error 用来指示在过程中出现错误时的特殊值。这可以让程序员或应用程序本身，根据此错误值采取另外的行动。

和其他的语言类似，VBA 可以自定义数据类型，使用 Type 语句就可以实现这个功能。用户自定义类型可包含一个或多个某种数据类型的数据元素、数组或一个先前定义的用户自定义类型。Type 语句的语法如下：

```
Type TypeName
  定义语句
End Type
```

例如下面的 Type 语句，定义了 MyType 数据类型，它由 MyFirstName、MyLastName、MyBirthDate 和 MySex 组成。

```
Type MyType
MyFirstName As String      '定义字符串变量存储一个名字
MyLastName As String       '定义字符串变量存储姓
MyBirthDate As Date        '定义日期变量存储一个生日日期
```

```
    MySex As Integer          '定义整型变量存储性别
    End Type
```

2. 变量与常量

VBA 代码中通过声明和使用指定的常量或变量来临时存储数值、计算结果或操作数据库中的任意对象。

1）变量

变量是指程序运行过程中，其值可以发生变化的量。变量可以是任意 VBA 所支持的数据类型。变量使用变量名来标识，其命名规则是：以字母、字符与下划线（_）开头，长度不超过 255 个字符。当然，为了增强程序可读性，标识符应使人望文生义，了解其代表的内涵。

注意：变量名不得与 VBA 的关键字同名，如不能使用 Sub、For 等，且不能使用!、@、&、$、#、空格等字符。

在 VBA 中使用变量前必须先声明变量，声明变量主要解决两个方面的问题，一是指定变量的数据类型，二是指定变量的适用范围。VBA 应用程序并不要求在过程中使用变量之前明确声明变量。如果在过程内使用一个没有明确声明的变量，Visual Basic 会默认地将它声明为 Variant 数据类型。虽然采用默认的声明很方便，但可能会在程序代码中导致一些严重的错误。因此使用前声明变量是一个很好的编程习惯。在 VBA 中可以强制要求在过程中使用变量前必须进行声明，方法是在模块通用节中引入一条 Option Explicit 语句。该语句要求在模块级别中强制对模块中的所有变量进行显式声明。

简单变量的声明可以使用 Dim 语句，Dim 语句的功能是声明变量并为其分配存储空间。Dim 语句的语法如下：

```
Dim Variable_Name As DataType
```

例如，Dim MyName As String 语句声明了字符串变量 MyName。变量声明后，用户就可以通过表达式给它赋值。

在 VBA 中，可以在同一行内声明多个变量。

例如：Dim Var1,Var2 As Integer, Var3 As String

其中 Var1 的类型为 Variant，因为声明时没有指定它的类型，Var2 为整型，Var3 为字符串。

注意：在变量声明时，对于用户自定义的数据类型与常规的数据类型没有区别，只是在使用之前定义了该数据类型即可。

2）常量

VBA 的常量的有关知识在第 1 章已经作了介绍，请参见 1.4.2 节。常量可以看作是一种特殊的变量，它的值一经确定后就不能够更改或重新赋值。对于程序中经常出现的常数值，以及难以记忆且无明确意义的数值，使用声明常量可使代码更容易读取与维护。

使用 Const 语句来声明常量的语句格式如下：

```
Const Const_Name=expression
```

例如,下面的语句声明了一个常量 PI。

```
Const PI=3.1415926
```

3）变量和常量的作用域

变量和常量的作用域决定变量在 VBA 代码中的有效范围。变量有效性也称为变量的可见性。变量有效意味着可为其赋值,并可在表达式中使用它,否则变量是不可见的。当变量不可见时使用这个变量,实际是创建一个同名的新变量。对于常量也是一样。

在 VAB 中,在声明变量和常量时,可对它的作用域作相应的声明,如果希望一个变量能被数据库中所有过程所访问,在声明时加上 Public 关键字。如果将一个变量的适用范围声明为在模块内,可以用 Private 关键字,但这不是必须的,因为 Dim 和 Static 所声明的变量默认为在模块内私有。对于常量情况完全一样。

例如:Public Dim Var1 As String 语句使用 Public 关键字声明 Var1,在数据库的所有过程中可用,而 Dim Var2 As String 语句声明变量 Var2 只能被变量所在的模块使用。

4）静态变量和非静态变量

在 VBA 中,使用 Dim 语句声明的变量,在过程结束之前,一直保存着它的值,但如果在过程之间调用时就会丢失数据,这种变量称为非静态变量。与之对应的另一种变量被称为静态变量,该变量使用 Static 语句声明。使用 Static 声明的变量在模块内一直保留其值,直到模块被复位或重新启动。即便是在非静态过程中,用 Static 语句来显式声明只在过程中可见的变量,其存活期也与定义了该过程的模块的存活期一样长。

Static 语句的语法与 Dim 相同,只是将 Dim 关键字换为 Static 而已。下面的语句声明了一个静态变量 MySex。

```
Static MySex As Boolean
```

如果用户想清除静态变量的值,采用的方法是:选择"运行"→"重新设置"命令即可。

3. 数组

数组是在有规则的结构中包含一种数据类型的一组数据,也称数组元素变量。数组中的元素的数据类型相同而且连续可索引,并且每个元素具有唯一的索引号,更改其中的一个元素不影响其他元素。数组元素变量用数组名和数组下标来标识,其中数组名用于标识数组元素变量属于同一个数组,下标为索引号,用于标识同一数组中不同的数组元素。

数组的声明方式和其他的变量声明一样,可以使用 Dim 声明,同样可用 Static、Private 或 Public 等关键字声明其作用域。数组是有大小的,若数组的大小被指定,则它是个固定大小数组。在 VBA 中,数组的大小可以被改变,若数组大小可改变,这种数组被称为动态数组。数组的起始元素的标识可根据 Option Base 语句的设置而定,如果Option Base 没有指定,则数组索引从 0 开始,若指定,则从指定的下标开始。当然数组的起始元素也可以使用 To 子句进行设定。

例如,Dim Array1(10) As String 语句声明了数组 Array1,大小为 11。

Dim Array2(1 To 10, 1 To 20) As String 定义了数组 Array2,数组的第一个元素为

Array2(1,1)，它是一个 10×20 的二维数组。

若声明为动态数组，则可以在执行代码时去改变数组大小。声明的方法是利用 Static、Dim、Private 或 Public 语句来声明数组，并使括号内为空。

例如：Dim Array3() As String 语句声明了一个动态数组 Array3。

在程序中引用数组变量的某个元素时，只需引用该数组名并在其后的括号中赋以相应的索引即可。

8.3　VBA 程序设计

VBA 是 Microsoft Office 系列软件的内置编程语言，VBA 的语法与独立运行的 Visual Basic 编程语言互相兼容。它使得在 Microsoft Office 系列软件中快速开发应用程序更加容易，且可以完成特殊的、复杂的操作。VBA 是面向对象的程序设计语言。面向对象程序设计是一种以对象为基础，以事件来驱动对象的程序设计方法。

8.3.1　程序的基本结构

按其语句代码执行的先后顺序，VBA 中的程序被分为顺序程序结构、条件判断结构和循环程序结构。程序的结构可以采用传统的流程图来描述。传统流程图中的基本符号如图 8.6 所示。

图 8.6　流程图的基本符号

1. 顺序结构

顺序结构是指程序的执行按照程序中语句的先后顺序执行。程序的执行流程如图 8.7 所示。

2. 选择结构

选择程序结构用于判断给定的条件，根据判断的结果来控制程序的流程。使用选择结构语句时，要用条件表达式来描述条件。在 VBA 中，选择结构通过 If 语句与 Select Case 语句来实现。

图 8.7　顺序结构程序流程

1) If 条件语句

If 语句根据测试条件的结果来选择执行其中的语句。If 条件语句有 3 种形式。

① If…Then

在程序需要作出选择时使用该语句。该语句又有两种形式，分别为单行形式和多行形式。

单行形式的语法为：If 条件 Then 语句

多行形式的语法如下：

```
If 条件 Then
语句
End If
```

语句的执行方式如图 8.8 所示。

例 8-1 已知两个数 x 和 y，比较它们的大小，且确保 x 大于 y。程序段的代码为：

```
If x<y Then
    t=x: x=y: y=t            '交换变量 x 与 y 的值
End If
```

或

```
If x<y Then t=x: x=y: y=t
```

从上可以看出，与单行形式相比，多行形式执行的语句通过 End If 标志来结束。如果对执行的多条语句不方便写在同一行时，使用这种形式会使代码整齐美观。

② If…Then…Else

如果程序要根据条件的成立与否选择执行相应的语句，则使用 If…Then…Else。语法格式为：

```
If 条件 Then
    语句
Else
    语句
End If
```

若"条件"为 True，则执行 Then 后面的语句；否则，执行 Else 后面的语句。程序流程如图 8.9 所示。

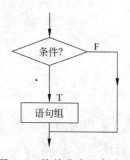

图 8.8　简单分支程序流程

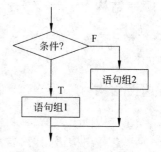

图 8.9　选择分支程序流程

例 8-2 如下面的代码，判断如果 UpdateFlag 的值为 True 则显示一条消息"Update Successfully"，否则显示一条信息"Update Failed!"。

```
If UpdateFlag Then
    MsgBox "Update Successfully"
Else
```

```
    MsgBox "Update Failed"
End If
```

③ If…Then…ElseIf…Else

如果要从 3 种或 3 种以上的条件中选择一种,则要使用 If…Then…ElseIf…Else。语法格式为:

```
IF 条件 1 Then
    语句
ElseIf 条件 2 Then
    语句
[ElseIf 条件 2 Then
    语句]…
Else
    语句
End If
```

若"条件 1"为 True,则执行 Then 后的语句;否则,再判"条件 2",为 True 时,执行随后的语句,依此类推,如果所有的条件都不满足,则执行 Else 块的语句。

例 8-3 输入一学生成绩,评定其等级。等级评论方法是: 90~100 分为"优秀",80~89 分为"良好",60~79 分为"及格",60 分以下为"不合格"。

```
If x>=90 then
    Debug.Print "优秀"
ElseIf x>=80 Then
    Debug.Print "良好"
ElseIf x>=60 Then
    Debug.Print "及格"
Else
    Debug.Print "不及格"
End If
```

2) Select Case 语句

从上面的例子可以看出,如果条件太多,分支则较复杂,如果使用 If 语句就会显得累赘,而且程序易读性会变差。这时可使用 Select Case 语句来编写结构清晰的程序。

Select Case 语句是根据表达式的求值结果,选择执行几个分支中的一个。其语法如下:

```
Select Case 变量或表达式
Case 表达式列表 1
    语句组 1
Case 表达式列表 2
    语句组 2
    …
Case 表达式列表 n
```

```
    语句组 n
Case Else
    语句组
End Select
```

程序执行流程如图 8.10 所示。

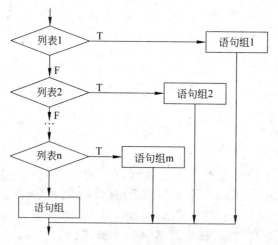

图 8.10　Select Case 语句执行流程

Select Case 语句中 Select Case 后的表达式是必选参数,可为任何数值表达式或字符串表达式;在每个 Case 后出现表达式列表是多个"比较元素"的列表。表达式列表可有下面 4 种形式之一,如表 8-3 所示。

表 8-3　表达式列表形式与示例

表达式列表形式	举　例	表达式列表形式	举　例
表达式	A+5	表达式 1 To 表达式 2	60 to 100
一组枚举表达式(用逗号分隔)	2,4,6,8	Is 关系运算符表达式	Is < 60

程序按照 Select…Case 结构中表达式出现的顺序,将表达式的值和 Case 语句中的值进行比较。如果发现一个匹配项或一条 Case Else 语句,则执行相应的语句块。在任何情况下,都会将控制转移到 End Select 语句后面的语句。

例 8-4　设计一个窗体,如图 8.11 所示,使用 Select Case 语句来实现例 8-3 的成绩评级。

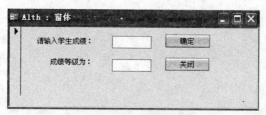

图 8.11　成绩评级窗体

该窗体中有 2 个标签；2 个文本框，文本框名称分别为 Text1 与 Text2；2 个命令按钮，名称分别为 Command1 与 Command2。

为 Command1 单击事件编写如图 8.12 所示的代码。

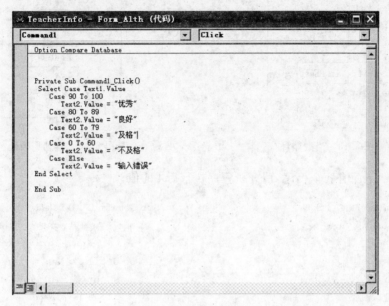

```
Option Compare Database


Private Sub Command1_Click()
 Select Case Text1.Value
     Case 90 To 100
         Text2.Value = "优秀"
     Case 80 To 89
         Text2.Value = "良好"
     Case 60 To 79
         Text2.Value = "及格"
     Case 0 To 60
         Text2.Value = "不及格"
     Case Else
         Text2.Value = "输入错误"
 End Select

End Sub
```

图 8.12 事件代码窗口

3. 循环结构

循环结构主要用来描述重复执行算法的问题，它是程序设计中最能发挥计算机特长的程序结构。循环结构可以看成是一个条件判断语句和一个转向语句的组合。循环结构有三个要素，它们分别是循环变量、循环体和循环终止条件，循环结构在程序框图中是利用判断框来表示，判断框内写上条件，两个出口分别对应着条件成立和条件不成立时所执行的语句，其中一个要指向循环体，然后再从循环体回到判断框的入口处。

1) Do…Loop 语句

该形式的语句通过 Do 执行循环，有 4 种形式，形式 1 与形式 2 为当型循环，形式 3 与形式 4 为直到型循环。其中 While 是条件为真时执行循环体，Until 是条件为假时执行循环体。

形式 1：	形式 2：	形式 3：	形式 4：
Do While <条件>	Do	Do	Do
语句组	语句组	语句组	语句组
[Exit Do]	[Exit Do]	[Exit Do]	[Exit Do]
语句组	语句组	语句组	语句组
Loop	Loop	Loop While <条件>	Loop Until<条件>

当型循环的程序流程如图 8.13 所示,直到型循环的程序流程如图 8.14 所示。

图 8.13 当型循环

图 8.14 直到型循环

例 8-5 下面有两个程序,请分析程序执行后 I 的值。

```
Sub Command1.Click()
    Dim I As Integer
    I=1
    Do While I<=20
        Debug.Print I
        I=I+1
    Loop
End Sub
```

```
Sub Command1.Click()
    Dim I As Integer
    I=1
    Do Until I<=20
        Debug.Print I
        I=I+1
    Loop
End Sub
```

该例左边的程序 I 的初值为 1,循环结束条件为 I 大于 20,该程序的输出为 1, 2,…,20。

该例右边的程序 I 的初值也为 1,循环结束条件为 I 小于或等于 20,该程序没有输出。

例 8-6 下面有两个程序,请分析程序执行后 I 的值。

```
Sub Command1.Click()
    Dim I As Integer
    I=1
    Do
        Debug.Print I
        I=I+1
    Loop While I<=20
End Sub
```

```
Sub Command1.Click()
    Dim I As Integer
    I=1
    Do
        Debug.Print I
        I=I+1
    Loop Until I<=20
End Sub
```

该例左边的程序 I 的初值为 1,循环结束条件为 I 大于 20,该程序的输出也为 1, 2,…,20。

该例右边的程序 I 的初值也为 1,循环结束条件为 I 小于或等于 20,该程序先执行循环体一次,再结束程序的执行,输出为 1。

2）While…Wend 循环结构

语句形式为：

```
While <条件>
    语句组
Wend
```

说明：该语句的功能与 Do While <条件>…Loop 实现的循环完全相同。区别在于该语句中不能出现 Exit 语句。

3）For 循环语句

For 循环一般用于循环次数已知的循环。语句形式为：

```
For 循环变量=初值 to 终值 [Step 步长]
    语句组
    [Exit For]
    语句组
Next 循环变量
```

该循环结构执行过程如图 8.15 所示。

循环执行的条件为：

当步长＞0 时,初值≤终值

当步长＜0 时,初值≥终值

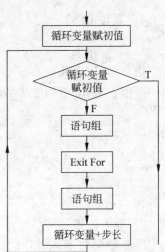

图 8.15　For 循环流程

例 8-7　已知如下程序,该程序循环了多少次?输出结果是什么?

```
Sub Command1.Click()
Dim I As Integer
For I=2 To 13 Step 3
    Debug.Print I,
Next I
End Sub
```

通过程序分析可知,当 I 的值为 2,5,8,11 时,程序循环,因此程序循环 4 次,输出的值为 2,5,8,11。

4）循环的嵌套——多重循环结构

如果在一个循环内完整地包含另一个循环结构,则称为多重循环,或循环嵌套,嵌套的层数可以根据需要而定。

对于循环的嵌套,要注意以下几点：

（1）内循环变量与外循环变量不能同名。

（2）外循环必须完全包含内循环,不能交叉。

（3）不能从循环体外转向循环体内,也不能从外循环转向内循环。

下面 4 种嵌套循环都是正确的。

```
For I=…          For I=…             Do While…        Do While/Until…
   …                …                   …                …
   For J=…          Do While/Until …    For J=…          Do While/Until …
   …                …                   …                …
   Next J           Loop                Next J           Loop
   …                …                   …                …
Next I           Next I              Loop             Loop
```

4. 其他语句

1）Goto 语句

语句形式：GoTo{标号|行号}，它的作用是无条件地转移到标号或行号指定的那行语句。由于 Goto 语句破坏了程序的逻辑顺序，一般不赞成使用。

```
If Number=1 Then GoTo Line1 Else GoTo Line2
    Line1:                    '标号 1
        MyString="Number equals 1"
    Line2:                    '标号 2
        MyString="Number equals 2"
```

2）Exit 语句

Exit 语句用于退出 Do…Loop、For…Next、Function 或 Sub 代码块。对应的使用格式为 Exit Do、Exit For、Exit Function、Exit Sub。分别表示退出 DO 循环、For 循环、函数过程和子过程。

例 8-8 下面的例子是使用 Exit 语句退出 For…Next 循环、Do…Loop 循环及子过程。

```
Private Sub Form_Click()
Dim I%,Num%
    Do                              '建立无穷循环
      For I=1 To 100                '循环 100 次
        Num=Int(Rnd * 100)         '生成一个 0~99 之间的随机数
        Select Case Num
          Case 10: Exit For         '退出 For…Next 循环
          Case 50: Exit Do          '退出 Do…Loop 循环
          Case 64: Exit Sub         '退出子过程
        End Select
      Next I
    Loop
End Sub
```

3）With…End With 语句

With 语句可以对某个对象执行一系列的语句，而不用重复指出对象的名称。例如，要改变一个对象的多个属性，可以在 With 控制结构中加上属性的赋值语句，这时候只是引用对象一次而不是在每个属性赋值时都要引用它。它的语法格式如下：

```
With 对象
    语句
End With
```

例 8-9　请把标签 MyLabel 的高度设为 2000，宽度设为 2000，标题设为"This is MyLabel"。

```
With MyLabel
    .Height=2000
    .Width=2000
    .Caption="This is MyLabel"
End With
```

当程序一旦进入 With 块，对象就不能改变。因此不能用一个 With 语句来设置多个不同的对象。可以将一个 With 块放在另一个之中，而产生嵌套的 With 语句。但是，由于外层 With 块成员会在内层的 With 块中被屏蔽住，所以必须在内层的 With 块中，使用完整的对象引用来指出在外层的 With 块中的对象成员。

8.3.2　过程调用与参数传递

在 VBA 中，Sub 子过程分为事件过程和通用过程。

1. 事件过程

事件过程绑定在事件上，在 Access 中，不同的对象可触发不同的事件。但总体来说，Access 中的事件主要有键盘事件、鼠标事件、对象事件、窗口事件和操作事件等。

1) 键盘事件

键盘事件是操作键盘所引发的事件。键盘事件主要有"键按下"、"键释放"和"击键"等。

2) 鼠标事件

鼠标事件即操作鼠标所引发的事件。鼠标事件有"单击"、"双击"、"鼠标按下"、"鼠标释放"和"鼠标移动"等。

3) 对象事件

常用的对象事件有"获得焦点"、"失去焦点"等。

4) 窗口事件

窗口事件是指操作窗口时所引发的事件。常用的窗口事件有"打开"、"关闭"和"加载"等。

5) 操作事件

操作事件是指与操作数据有关的事件。常用的操作事件有"删除"、"插入前"、"插入后"、"成为当前"、"不在列表中"、"确认删除前"和"确认删除后"等。

2. 事件过程

1) 窗体事件的语法

```
Private Sub Form_事件名(参数列表)
```

```
    <语句组>
End Sub
```

窗体的事件很多,如 Initialize 事件、Load 事件、QueryUnload 事件、Unload 事件和 Terminate 事件。Initialize 事件在创建对象的时候发生,用来设置对象属性的默认值等; Load 事件在窗体被加载到内存中时发生,我们可以将程序的初始化操作放在此事件中。 对于不使用的窗体,我们可以将其从内存中卸载掉,以释放内存空间;当我们卸载一个窗 体时,将会依次发生 QueryUnload 事件、Unload 事件和 Terminate 事件。

例 8-10 请编写一个窗体加载事件,该事件要求窗体启动时对文本编辑框控件进行 清空和对用来监控文本内容是否改变的变量 IsChange 进行初始化。

```
Private Sub Form_ Load()
    Text.Text=""
    IsChange=1
End Sub
```

2) 控件事件的语法

```
Private Sub 控件名_事件名(参数列表)
    <语句组>
End Sub
```

如命令按钮控件常用的有 Click(单击)事件、Enter(按回车键)事件、GotFocus(获得 焦点)事件与 LostFocus(失去焦点)事件等。

2. 通用过程

1) Sub 子过程
子过程的定义形式如下:

```
[Public|Private][Static] Sub 子过程名([形参表])
    <局部变量或常数定义>
    <语句组>
[Exit Sub]
    <语句组>
End Sub
```

说明:
① 子过程名:命名规则与变量名规则相同。子过程名不返回值,而是通过形参与实 参的传递得到结果,调用时可返回多个值。
② 形式参数列表:形式参数通常简称"形参",仅表示形参的类型、个数、位置,定义 时是无值的,只有在过程被调用时,虚实参数结合后才获得相应的值。
③ 过程可以无形式参数,但括号不能省。
④ 参数的定义形式:

```
[ByVal|ByRef]变量名[()][As 类型][,…]
```

ByVal 表示当该过程被调用时,参数是按值传递的;ByRef(为默认值)表示当该过程被调用时,参数是按地址传递的。

例 8-11 创建一个交换两个整型变量值的子过程。

```
Private Sub Swap(X As Integer,Y As Integer)
    Dim temp As Integer
    Temp=X: X=Y: Y=Temp
End Sub
```

2) Function 过程

```
[Public|Private][Static]Function 函数名([<参数列表>]) [As<类型>]
    <局部变量或常数定义>
    <语句块>
    函数体
    [函数名=返回值]
    [Exit Function]
    <语句块>
    [函数名=返回值]
End Function
```

注意:在函数体内,函数名可以当变量使用,函数的返回值是通过对函数名赋值来实现的,在函数过程中至少要对函数名赋值一次。

3. 过程的调用

子过程的调用方法为:子过程名 [参数列表]或 Call 子过程名(参数列表)

函数过程的调用是:变量名＝函数过程名([参数列表])

说明:

(1) 参数列表称为实参或实元,它必须与形参保持个数相同,位置与类型一一对应。

(2) 调用时把实参值传递给对应的形参。其中值传递时实参的值不随形参的值变化而改变(形变实不变)。而地址传递时实参的值随形参值的改变而改变(形变实也变)。

(3) 当参数是数组时,形参与实参在参数声明时应省略其维数,但括号不能省。

(4) 调用子过程的形式有两种,用 Call 关键字时,实参必须加圆括号,反之则实参不用加括号。

例 8-12 编写调用例 8-11 子过程的语句。

```
Swap a,b 或 Call Swap(a,b)
```

过程之间参数的传递指主调过程的实参(调用时已有确定值和内存地址的参数)传递给被调过程的形参,参数的传递有按值传递与按地址传递两种方式,形参前加关键字 ByVal 的是按值传递,默认或加关键字 ByRef 的为按地址传递。如果形参得到的是实参的地址,当形参值的改变时也改变实参的值(形变实也变)。如果形参得到的是实参的值,形参值的改变就不会影响实参的值(形变实不变)。

注意：形式参数是指在定义通用过程时，出现在 Sub 或 Function 语句中的变量名后面圆括号内的数，用来接收传送给子过程的数据，形参表中的各个变量之间用逗号分隔。

实际参数是指在调用 Sub 或 Function 过程时，写入子过程名或函数名后括号内的参数，其作用是将它们的数据(数值或地址)传送给 Sub 或 Function 过程与其对应的形参变量。实参可由常量、表达式、有效的变量名、数组名后加左、右括号，如 A( )组成，实参表中各参数用逗号分隔。

例 8-13 新建一个窗体，在窗体中添加一个名称为 Command1 的命令按钮，然后为命令按钮编写如图 8.16 所示的事件。

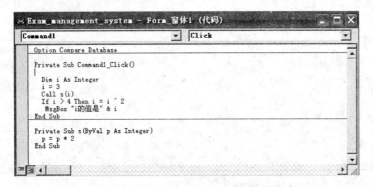

图 8.16 Command1 的 Click 事件代码

运行该窗体，单击 Command1 命令按钮，程序的输出如图 8.17 所示。如果把 Private Sub s(ByVal p As Integer)中的 ByVal 省略或改为 ByRef，程序的输出如图 8.18 所示。请解释这是什么原因。

图 8.17 单击 Command1 时输出

图 8.18 修改后单击 Command1 时的输出

例 8-14 若窗体中已有一个名为 Command1 的命令按钮、一个名为 Lable1 的标签和一个名为 Text1 的文本框，且文本框的内容为空，然后编写如图 8.19 所示的事件代码。

窗体打开运行后，在文本框中输入 21，单击命令按钮，则标签显示内容为什么？

8.3.3 面向对象程序设计

VBA 是一种面向对象的语言，因此进行 VBA 的开发，必须了解面向对象程序设计的一些基本知识。

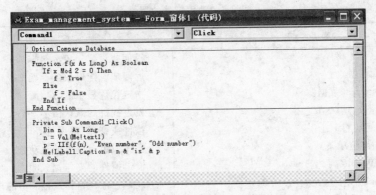

图 8.19　Command1 的 Click 事件代码

1. 对象

学好 VBA 的编程诀窍之一就是要以"对象"的眼光去看待整个程序设计。"对象"是面向对象程序设计的核心,明确对象的概念对理解面向对象程序设计来说至关重要。对象的概念源自生活之中,对象可以是任何事物,如一座房子、一张桌子、一台计算机与一次旅行等。因此,在现实生活中,我们随时随地都在和对象打交道。

如果把问题抽象一下,会发现现实生活中的对象有两个共同的特点:第一,它们都有自己的状态,如一个球有自己颜色与大小;第二,它们都具有自己的行为,如一个球可以滚动、停止或旋转。在面向对象的程序设计中,对象的概念就是对现实世界中对象的模型化,是一些基本的实体,如窗体、报表与各种控件等,对象包括作用于对象的操作(方法)和对象的响应(事件)。将数据和处理这些数据的过程封装在一起构成了对象。

在 VBA 中引用 Access 对象的方法如下:

Forms(或 Reports)!窗体(或报表)名称!控件名称.属性名

注意:如果在通用模块或在一类模块中引用另一类模块的控件时,应该使用上述完整语法。如果在类模块中引用自己窗体上的控件,采用"控件名称.属性名"的方法。

例如,在窗体 Form1 中为窗体 Form2 上的 Label1 控件的标题赋值为"教师信息表"的语句是 Forms! Form2! Label1. Caption= "教师信息表"。在窗体 Form2 上为自己的 Label1 控件的标题赋值为"教师信息表"的方法是:Label1. Caption= "教师信息表"。

2. 属性

所有对象都有自己的属性。属性是用来描述和反映对象特征的参数。如控件名称(Name)、标题(Caption)、颜色(Color)、字体(FontName)等属性决定了对象展现给用户的界面具有什么样的外观及功能,常用控件的属性名如表 8-5 所示。

表 8-5 常用控件的属性名

属　　　　性	说　　　明
Name(名称)	返回或设定对象的名字
Caption(标题)	返回或设定对象的标题文字
Controlsource(数据源)	指定控件显示的数据源
Defaulvalue(默认值)	设定控件的默认值
Visible(可见性)	控件或窗体、报表是否可见
Scrollbars(滚动条)	窗体或组合框上的滚动条
Height、Width(高、宽)	设定控件的高与宽
Left、Top(左、上边距)	设定控件在窗体或报表中的位置
Backstyle(背景样式)	指定控件是否透明:常规为 1,透明为 0
Backcolor(背景颜色)	指定控件或节的颜色
fontName、FontSize(字体名称、字体大小)	设定字体及字体大小
Enabled(控件是否可用)	控件是否接受焦点和响应用户操作
Value	设置或返回文本框、组合框中的文本

对象属性设置的方法有两种:一种是在设计模式下,通过属性窗口直接设置。二是在程序的代码中通过赋值命令来实现,其格式为:

对象名.属性名=属性值

例如,执行 Label10. Caption = "显示"语句,标签对象 Label10 的标题被设置为"显示"。

3. 事件及事件过程

事件是指可被对象识别的动作。如窗体打开(OnOpen)、按钮的单击(OnClick)与双击(OnDbClick)等事件。事件过程是指附在该对象上的程序代码,是事件触发后处理的程序。事件过程的形式如下:

```
Sub 对象名_事件过程名[(参数列表)]
    … (事件过程代码)
End Sub
```

例如:

```
Sub cmdOk_Click()
    cmdOk.Visible=False          '设置命令按钮的可见性为不可见
End Sub
```

4. 方法

方法(Method)是指在对象上可操作的过程,是 VB 系统提供的一种特殊的过程和函数。方法是面向对象的,所以方法调用一般要指明对象。
对象方法调用形式为:

[对象 .]方法 [参数列表]

例如,命令 Debug. print "欢迎您使用 Access"将在立即窗口中输出文字"欢迎您使用 Access"。

5. 类

类包含新对象的定义,通过创建类的新实例,可以创建新对象,而类中定义的过程就成为该对象的属性和方法。用户可以通过单击工具栏中的对象浏览器按钮 📷,打开对象浏览器窗口查看各个库中的类,从而可以了解使用这些类创建的对象的属性、方法和事件。"对象浏览器"窗口如图 8.20 所示。在窗口中可以查看各个库中类的列表,在列表框右侧的窗格中显示在类中定义的对象的属性、方法和事件。其中以 📷 标志的是属性,以 🔧 标志的是方法,而以 ⚡ 标志的则是事件。对于选中的属性、方法和事件,在窗口的最下方会有简单的说明。

图 8.20　对象浏览器窗口

8.4　VBA 程序调试

程序调试是查找和解决 VBA 程序代码错误的过程。当程序代码执行时,会产生开发错误与运行时错误两种类型的错误。开发错误是语法错误和逻辑错误。语法错误可能是由于输入错误、标点丢失或不适当地使用某些关键字等产生的。例如,遗漏了配对的语句(例如,If 和 End If 或 For 和 Next)。逻辑错误是指应用程序未按设计执行,或生成了无效的结果。这种错误是由于程序代码中不恰当的逻辑设计而引起的。这种程序在运行时并未进行非法操作,只是运行结果不符合要求。运行时错误是在程序运行的过程中发生的。有运行时错误的代码在一般情况下运行正常,但是遇到非法数据或是系统条件禁止代码运行时(如磁盘空间不足等)就会发生错误。编写容易理解、可维护的代码和使用有效的调试工具可以减少和排除上述错误。

8.4.1　VBA 编程规范

为了避免不必要的错误,应该保持良好的编程风格。通常应遵循以下几条原则:

(1) 模块化:除了一些定义全局变量的语句及其他的说明性语句之外,具有独立作用的非说明性语句和其他代码,都要尽量地放在 Sub 过程或 Function 过程中,以保持程序的简洁性,并清晰明了地按功能来划分模块。

(2) 多注释:编写代码时要加上必要的注释,以便以后或其他用户能够清楚地了解程序的功能。

(3) 变量显式声明:在每个模块中加入 Option Explicit 语句,强制对模块中的所有变量进行显式声明。

(4) 良好的命名思路:为了方便地使用变量,变量的命名应采用统一的格式,尽量做到能够"顾名思义"。

(5) 少用变体类型:在声明对象变量或其他变量时,应尽量使用确定的对象类型或数据类型。少用 Object 和 Variant。这样可加快代码的运行,且可避免出现错误。

8.4.2　VBA 调试工具栏及功能

VBE 提供了"调试"菜单和"调试"工具栏,工具栏如图 8.21 所示。打开调试工具的方法是:选择"视图"→"工具栏"→"调试"命令,即可弹出"调试"工具栏。

图 8.21　调试工具栏

"调试"工具栏上各个按钮的功能说明如表 8-6 所示。

表 8-6　调试工具栏命令按钮说明

命令按钮	按钮名称	功能说明
	设计模式按钮	打开或关闭设计模式
	运行子窗体/用户窗体按钮	如果光标在过程中则运行当前过程,如果用户窗体处于激活状态,则运行用户窗体。否则将运行宏
	中断按钮	终止程序的执行,并切换到中断模式
	重新设置按钮	清除执行堆栈和模块级变量并重新设置工程
	切换断点按钮	在当前行设置或清除断点
	逐语句按钮	一次执行一句代码
	逐过程按钮	在代码窗口中一次执行一个过程或一条语句代码
	跳出按钮	执行当前执行点处的过程的其余行

命令按钮	按钮名称	功能说明
▣	本地窗口按钮	显示本地窗口
▣	立即窗口按钮	显示立即窗口
▣	监视窗口按钮	显示监视窗口
66°	快速监视按钮	显示所选表达式的当前值的"快速监视"对话框
▣	调用堆栈按钮	显示"调用堆栈"对话框,列出当前活动过程调用

8.4.3 程序调试方法及技巧

1. 执行代码

VBE 提供了多种程序运行方式,通过不同的运行方式,可以对代码进行各种调试工作。

1)逐语句执行代码

逐语句执行是调试程序时十分有效的工具。通过单步执行每一行程序代码,包括被调用过程中的程序代码可以及时、准确地跟踪变量的值,从而发现错误。如果要逐语句执行代码,可单击工具栏中的"逐语句"按钮,在执行该命令后,VBE 运行当前语句,并自动转到下一条语句,同时将程序挂起。

对于在一行中有多条语句用冒号隔开的情况,在使用"逐语句"命令时,将逐个执行该行中的每条语句。

2)逐过程执行代码

如果希望执行每一行程序代码,不关心在代码中调用的子过程的运行,并将其作为一个单位执行,可单击工具栏中的"逐过程"按钮。逐过程执行与逐语句执行的不同之处在于执行代码调用其他过程时,逐语句是从当前行转移到该过程中,在此过程中一行一行地执行,而逐过程执行则将调用其他过程的语句当作一个语句,将该过程执行完毕,然后进入下一语句。

3)跳出执行代码

如果希望执行当前过程中的剩余代码,可单击工具栏中的"跳出"按钮。在执行"跳出"命令时,VBE 会将该过程未执行的语句全部执行完,包括在过程中调用的其他过程。执行完过程后,程序返回到调用该过程的过程,"跳出"命令执行完毕。

4)运行到光标处

选择"调用"→"运行到光标处"命令,VBE 就会运行到当前光标处。当用户可确定某一范围的语句正确,而对后面语句的正确性不能保证时,可用该命令运行程序到某条语句,再在该语句后逐步调试。这种调试方式通过光标来确定程序运行的位置,十分方便。

5）设置下一语句

在 VBE 中，用户可自由设置下一步要执行的语句。当程序已经挂起时，可在程序中选择要执行的下一条语句，右击，并在弹出的快捷菜单中选择"设置下一条语句"命令。

2. 暂停代码运行

VBE 提供的大部分调试工具，都要在程序处于挂起状态时才能有效，这时就需要暂停 VBA 程序的运行。在这种情况下，程序仍处于执行状态，只是暂停在执行的语句之间，变量和对象的属性仍然保持，当前运行的代码在模块窗口中被显示出来。

如果要将语句设为挂起状态，可采用以下几种方法：

1）断点挂起

如果 VBA 程序在运行时遇到了断点，系统就会在运行到该断点处时将程序挂起。可在任何可执行语句和赋值语句处设置断点，但不能在声明语句和注释行处设置断点。不能在程序运行时设置断点，只有在编写程序代码或程序处于挂起状态时才可设置断点。

可以在模块窗口中，将光标移到要设置断点的行，按 F9 键，或单击工具栏中的"切换断点"按钮设置断点，也可以在模块窗口中，单击要设置断点行的左侧边缘部分，即可设置断点。

如果要消除断点，可将插入点移到设置了断点的程序代码行，然后单击工具栏中的"切换断点"按钮，或在断点代码行的左侧边缘单击。

2）Stop 语句挂起

给过程中添加 Stop 语句，或在程序执行时按 Ctrl＋Break 键，也可将程序挂起。Stop 语句是添加在程序中的，当程序执行到该语句时将被挂起。它的作用与断点类似。但当用户关闭数据库后，所有断点都会自动消失，而 Stop 语句却还在代码中。如果不再需要断点，则可选择"调试"→"清除所有断点"命令将所有断点清除，但 Stop 语句须逐行清除，比较麻烦。

3. 查看变量值

VBE 提供了多种查看变量值的方法，下面简单介绍各种查看变量值的方式。

1）在代码窗口中查看数据

在调试程序时，希望随时查看程序中的变量和常量的值，这时候只要指针指向要查看的变量和常量，就会直接在屏幕上显示当前值。这种方式最简单，但是只能查看一个变量或常量。如果要查看几个变量或一个表达式的值，或需要查看对象及对象的属性，就不能直接通过指针指向该对象或表达式在代码窗口中查看了。

2）在本地窗口中查看数据

可单击工具栏中的"本地窗口"按钮打开本地窗口。本地窗口有 3 个列表，分别显示"表达式"、表达式的"值"和表达式的"类型"。有些变量，如用户自定义类型、数组和对象等，可包含级别信息。这些变量的名称左边有一个加号按钮，可通过它控制级别信息的显示。

列表中的第一个变量是一个特殊的模块变量。对于类模块,它的系统定义变量为Me。Me 是对当前模块定义的当前类实例的引用。因为它是对象引用,所以能够展开显示当前类实例的全部属性和数据成员。对于标准模块,它是当前模块的名称,并且也能展开显示当前模块中所有模块级变量。在本地窗口中,可通过选择现存值,并输入新值来更改变量的值。在本地窗口中查看变量如图 8.22 所示。

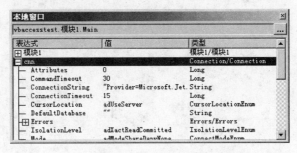

图 8.22　本地窗口

3) 在监视窗口中查看变量和表达式

程序执行过程中,可利用监视窗口查看表达式或变量的值。可选择“调试”→“添加监视”命令,设置监视表达式。通过监视窗口可展开或折叠级别信息、调整列标题大小及就地编辑值等。在监视窗口中查看变量如图 8.23 所示。

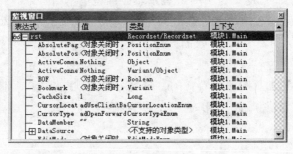

图 8.23　监视窗口

4) 使用立即窗口查看结果

使用立即窗口可检查一行 VBA 代码的结果。可以输入或粘贴一行代码,然后按下Enter 键来执行该代码。可使用立即窗口检查控件、字段或属性的值,显示表达式的值,或者为变量、字段或属性赋予一个新值。立即窗口是一种中间结果暂存器窗口,在这里可以立即求出语句、方法和 Sub 过程的结果。

可以将 Debug 对象的 Print 方法加到 VBA 代码中,以便在运行代码过程中,在立即窗口显示表达式的值或结果,这在前面的众多的示例中都有应用。

5) 跟踪 VBA 代码的调用

在调试代码过程中,当暂停 VBA 代码执行时,可使用“调用堆栈”对话框查看那些已经开始执行但还未完成的过程列表。如果持续在“调试”工具栏中单击“调用堆栈”按钮,Access 会在列表的最上方显示最近被调用的过程,接着是早些被调用的过程,依此类推。

在"调用堆栈"对话框中查看过程如图 8.24 所示。

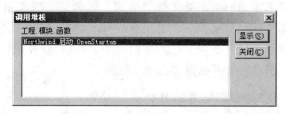

图 8.24 "调用堆栈"对话框

小　　结

- 模块是以函数过程(Function)或子过程(Sub)为单元的集合方式存储的 VBA 程序。
- 模块分为类模块和标准模块两种类型。
- 按其语句代码执行的先后顺序,VBA 中的程序可分为顺序程序结构、条件判断结构和循环程序结构。
- 过程参数定义时,定义为 ByVal 表示当该过程被调用时,参数是按值传递的;定义为 ByRef(默认)表示当该过程被调用时,参数是按地址传递的。
- 在 VBA 中引用 Access 对象的方法为 Forms(或 Reports)! 窗体(或报表)名称! 控件名称.属性名。
- 属性用来描述和反映对象特征的参数,事件是指可被对象识别的动作。
- 程序调试是查找和解决 VBA 程序代码错误的过程,是查找程序语法错误和逻辑错误的基础。

习　题　8

1. 单选题

(1) 在 VBA 代码调试过程中,能够显示出当前过程中所有变量声明及变量值信息的是_____。

　　A. 快速监视窗口　　　　B. 监视窗口　　　　C. 立即窗口　　　　D. 本地窗口

(2) 在 VBA 中,下列关于过程的描述中正确的是_____。

　　A. 过程的定义可以嵌套,但过程的调用不能嵌套

　　B. 过程的定义不可以嵌套,但过程的调用可以嵌套

　　C. 过程的定义和过程的调用均可以嵌套

　　D. 过程的定义和过程的调用均不能嵌套

──────── Access 数据库技术与应用

(3) 定义了二维数组 B(2 to 6,4),则该数组的元素个数为_____。

    A. 25   B. 36   C. 20   D. 24

(4) 定义一个二维数组 A(2 to 5,5),该数组的元素个数为_____。

    A. 20   B. 24   C. 25   D. 36

(5) 下列逻辑表达式中,能正确表示条件"x 和 y 都是奇数"的是_____。

    A. x Mod 2＝1 Or y Mod 2＝1   B. x Mod 2＝0 Or y Mod 2＝0

    C. x Mod 2＝1 And y Mod 2＝1   D. x Mod 2＝0 And y Mod 2＝0

(6) 以下可以得到"2＊5＝10"结果的 VBA 表达式为_____。

    A. "2＊5" & "＝" & 2＊5   B. "2＊5"＋"＝"＋2＊5

    C. 2＊5 & "＝" & 2＊5   D. 2＊5＋"＝"＋2＊5

(7) 用于获得字符串 Str 从第 2 个字符开始的 3 个字符的函数是_____。

    A. Mid(Str,2,3)   B. Middle(Str,2,3)

    C. Right(Str,2,3)   D. Left(Str,2,3)

(8) 给定日期 DD,可以计算该日期当月最大天数的正确表达式是_____。

    A. Day(DD)

    B. Day(DateSerial(Year(DD),Month(DD),day(DD)))

    C. Day(DateSerial(Year(DD),Month(DD),0))

    D. Day(DateSerial(Year(DD),Month(DD)＋1,0))

(9) 设 a＝6,则执行

```
x=IIF(a>5,-1,0)
```

后,x 的值为_____。

    A. 6   B. 5   C. 0   D. －1

(10) 以下关于优先级比较,叙述正确的是_____。

    A. 算术运算符＞逻辑运算符＞关系运算符

    B. 逻辑运算符＞关系运算符＞算术运算符

    C. 算术运算符＞关系运算符＞逻辑运算符

    D. 以上均不正确

(11) VBA 中不能进行错误处理的语句结构是_____。

    A. On Error Then 标号   B. On Error Goto 标号

    C. On Error Resume Next   D. On Error Goto 0

(12) VBA 中去除前后空格的函数是_____。

    A. Ltrim   B. Rtrim   C. Trim   D. Ucase

(13) 能够实现从指定记录集中检索特定字段值的函数是_____。

    A. Dcount   B. Dlookup   C. Dmax   D. DSum

(14) 使用 VBA 的逻辑值进行算术运算时,True 值被处理为_____。

    A. －1   B. 0   C. 1   D. 任意值

(15) 有如下语句：

```
s=Int(100 * Rnd)
```

执行完毕后,s 的值是_____。

A. [0,99]的随机整数　　　　　　　　　　B. [0,100]的随机整数

C. [1,99]的随机整数　　　　　　　　　　D. [1,100]的随机整数

(16) InputBox 函数的返回值的类型是_____。

A. 数值　　　　　　　　　　　　　　　　B. 字符串

C. 变体　　　　　　　　　　　　　　　　D. 数值或字符串(视输入的数据而定)

(17) 表达式 Fix(−3.25)和 Fix(3.75)的结果分别是_____。

A. −3,3　　　　B. −4,3　　　　C. −3,4　　　　D. −4,4

(18) 下列四个选项中,不是 VBA 的条件函数的是_____。

A. Choose　　　B. If　　　　C. Iif　　　　D. Switch

(19) VBA 中定义符号常量可以使用关键字_____。

A. Const　　　B. Dim　　　C. Public　　　D. Static

(20) 以下内容中不属于 VBA 提供的数据验证函数的是_____。

A. IsText　　　B. IsDate　　　C. IsNumeric　　　D. IsNull

(21) VBA "定时"操作中,需要设置窗体的"计时器间隔(TimerInterval)"属性值。其单位是_____。

A. 微妙　　　　B. 毫秒　　　　C. 秒　　　　D. 分钟

(22) 能被"对象所识别的动作"和"对象可执行的活动"分别称为对象的_____。

A. 方法和事件　　B. 事件和方法　　C. 事件和属性　　D. 过程和方法

(23) 下列不属于窗口事件的是_____。

A. 打开　　　　B. 关闭　　　　C. 删除　　　　D. 加载

(24) 在 VBA 中要打开名为"学生信息录入"的窗体,应使用的语句是_____。

A. DoCmd. OpenForm "学生信息录入"

B. OpenForm "学生信息录入"

C. DoCmd. OpenWindow "学生信息录入"

D. OpenWindow "学生信息录入"

(25) 假定有以下循环结构：

```
Do Until 条件
    循环体
Loop
```

则正确的叙述是_____。

A. 如果"条件"值为 0,则一次循环体也不执行

B. 如果"条件"值为 0,则至少执行一次循环体

C. 如果"条件"值不为 0,则至少执行一次循环体

D. 不论"条件"是否为"真",至少要执行一次循环体

(26) 假定有以下程序段

```
n=0
for i=1 to 3
    for j=-4 to -1
        n=n+1
    next j
next i
```

运行完毕后,n 的值是_____。

A. 0   B. 3   C. 4   D. 12

(27) 以下程序运行后,消息框的输出结果是_____。

```
a=sqr(3)
b=sqr(2)
c=a>b
Msgbox c+2
```

A. −1   B. 1   C. 2   D. 出错

(28) 假定有以下循环结构:

```
Do until 条件
    循环体
Loop
```

则下列说法正确的是_____。

A. 如果"条件"是一个为−1 的常数,则一次循环体也不执行

B. 如果"条件"是一个为−1 的常数,则至少执行一次循环体

C. 如果"条件"是一个不为−1 的常数,则至少执行一次循环体

D. 不论"条件"是否为"真",至少要执行一次循环体

(29) 执行下面的程序段后,x 的值为_____。

```
x=5
For I=1 To 20 Step 2
    x=x+I\5
Next I
```

A. 21   B. 22   C. 23   D. 24

(30) 设有如下过程:

```
x=1
Do
    x=x+2
Loop Until _____
```

运行程序,要求循环体执行 3 次后结束循环,空白处应填入的语句是_____。

A. x<=7   B. x<7   C. x>=7   D. x>7

(31) 如下程序段定义了学生成绩的记录类型，由学号、姓名和三门课程成绩（百分制）组成。

```
Type Stud
    no As Integer
    name As String
    score (1 to 3) As Single
End Type
```

若对某个学生的各个数据项进行赋值，下列程序段中正确的是_____。

A. Dim S As Stud
   Stud. no＝1001
   Stud. name＝"舒宜"
   Stud. score＝78,88,96

B. Dim S As Stud
   S. no＝1001
   S. name＝"舒宜"
   S. score＝78,88,96

C. Dim S As Stud
   Stud. no＝1001
   Stud. name＝"舒宜"
   Stud. score(1)＝78
   Stud. score(2)＝88
   Stud. score(3)＝96

D. Dim S As Stud
   S. no＝1001
   S. name＝"舒宜"
   S. score(1)＝78
   S. score(2)＝88
   S. score(3)＝96

(32) 设有如下窗体单击事件过程：

```
Private Sub Form_Click()
    a=1
    For i=1 To 3
        Select Case i
            Case 1,3
                a=a+1
            Case 2,4
                a=a+2
        End Select
    Next i
    MsgBox a
End Sub
```

打开窗体运行后，单击窗体，则消息框的输出的结果是_____。

A. 3　　　　　　B. 4　　　　　　C. 5　　　　　　D. 6

(33) 设有如下程序：

```
Private Sub Command1_Click()
    Dim sum As Double,x As Double
    sum=0
    n=0
    For i=1 To 5
```

```
        x=n / i
        n=n+1
        sum=sum+x
    Next i
End Sub
```

该程序通过 For 循环来计算一个表达式的值,这个表达式是_____。

A. 1+1/2+2/3+3/4+4/5   B. 1+1/2+1/3+1/4+1/5

C. 1/2+2/3+3/4+4/5   D. 1/2+1/3+1/4+1/5

(34) 下列 Case 语句中错误的是_____。

A. Case 0 To 10   B. Case Is>10

C. Case Is>10 And Is<50   D. Case 3,5,Is>10

(35) 下列不是分支结构的语句是_____。

A. If … Then … EndIf   B. While … Wend

C. If … Then … Else … EndIf   D. Select … Case … End Select

(36) 不属于 VBA 提供的程序运行错误处理的语句结构是_____。

A. On Error Then 标号   B. On Error Goto 标号

C. On Error Resume Next   D. On Error Goto 0

(37) 在 Access 中,如果要处理具有复杂条件或循环结构的操作,则应该使用的对象是_____。

A. 窗体   B. 模块   C. 宏   D. 报表

(38) 语句 Dim NewArray(10) As Integer 的含义是_____。

A. 定义了一个整型变量且初值为 10

B. 定义了 10 个整数构成的数组

C. 定义了 11 个整数构成的数组

D. 将数组的第 10 元素设置为整型

(39) VBA 程序流程控制的方式是_____。

A. 顺序控制和分支控制   B. 顺序控制和循环控制

C. 循环控制和分支控制   D. 顺序、分支和循环控制

(40) 下列 4 种形式的循环设计中,循环次数最少的是_____。

```
A. a=5:b=8                    B. a=5:b=8
   Do                           Do
      a=a+1                        a=a+1
   Loop While a<b               Loop Until a<b
C. a=5:b=8                    D. a=5:b=8
   Do Until a<b                 Do Until a>b
      b=b+1                        a=a+1
   Loop                         Loop
```

(41) 在 VBA 中, 错误的循环结构是_____。

A. Do While 条件式
　　循环体
Loop

B. Do Until 条件式
　　循环体
Loop

C. Do Until
　　循环体
Loop 条件式

D. Do
　　循环体
Loop While 条件式

(42) 假定有以下两个过程:

```
Sub S1(ByVal x As Integer,ByVal y As Integer)
    Dim t As Integer
    t=x
    x=y
    y=t
End Sub
Sub S2(x As Integer,y As Integer)
    Dim t As Integer
    t=x
    x=y
    y=t
End Sub
```

则以下说法中正确的是_____。

A. 用过程 S1 可以实现交换两个变量的值的操作, S2 不能实现

B. 用过程 S2 可以实现交换两个变量的值的操作, S1 不能实现

C. 用过程 S1 和 S2 都可以实现交换两个变量的值的操作

D. 用过程 S1 和 S2 都不能实现交换两个变量的值的操作

(43) 在有参函数设计时,要想实现某个参数的"双向"传递,就应当说明该形参为"传址"调用形式。其设置选项是_____。

A. ByVal　　　　　B. ByRef　　　　　C. Optional　　　　D. ParamArray

(44) VBA 中用实际参数 a 和 b 调用有参过程 Area(m,n)的正确形式是_____。

A. Area m,n

B. Area a,b

C. Call Area(m,n)

D. Call Area a,b

(45) 在 VBA 中,如果没有显式声明或用符号来定义变量的数据类型,变量的默认数据类型为_____。

A. Boolean　　　　B. Int　　　　　C. String　　　　D. Variant

(46) On Error Goto 0 语句的含义是_____。

A. 忽略错误并执行下一条语句

B. 取消错误处理

C. 遇到错误执行定义的错误

D. 退出系统

(47) 在过程定义中有语句：

```
Private Sub GetData(ByRef f As Integer)
```

其中 ByRef 的含义是_____。

    A. 传值调用   B. 传址调用   C. 形式参数   D. 实际参数

(48) 使用 Function 语句定义一个函数过程，其返回值的类型_____。

    A. 只能是符号常量   B. 是除数组之外的简单数据类型

    C. 可在调用时由运行过程决定   D. 由函数定义时 As 子句声明

(49) 若要在子过程 Procl 调用后返回两个变量的结果，下列过程定义语句中有效的是_____。

    A. Sub Procl(n, m)   B. Sub Procl(ByVal n, m)

    C. Sub Procl(n, ByVal m)   D. Sub Procl(ByVal n, ByVal m)

(50) 在 Access 中，如果变量定义在模块的过程内部，当过程代码执行时才可见，则这种变量的作用域为_____。

    A. 程序范围   B. 全局范围   C. 模块范围   D. 局部范围

2. 填空题

(1) 函数 Now() 返回值的含义是_____。

(2) 在 VBA 编程中检测字符串长度的函数名是_____。

(3) 函数 Mid("学生信息管理系统",3,2) 的结果是_____。

(4) 退出 Access 应用程序的 VBA 代码是_____。

(5) Access 的窗体或报表事件可以有两种方法来响应：宏对象和_____。

(6) 直接在属性窗口设置对象的属性，属于"静态"设置方法，在代码窗口中由 VBA 代码设置对象的属性叫做"_____"设置方法。

(7) Access 的窗体或报表事件可以由两种方法响应：宏对象和_____。

(8) VBA 的自动运行宏，必须命名为_____。

(9) 在 VBA 中双精度的类型标识是_____。

(10) 在 VBA 中变体类型的类型标识是_____。

(11) Int(−3.25) 的结果是_____。

(12) 模块包含了一个声明区域和一个或多个子过程（Sub 开头）或函数过程（以_____开头）。

(13) 假定当前日期为 2002 年 8 月 25 日，星期日，则执行以下语句后，a、b、c 和 d 的值分别是 25、8、2002、_____。

```
a=day(now)
b=month(now)
c=year(now)
d=weekday(now)
```

(14) 建立了一个窗体，窗体中有一命令按钮，单击此按钮，将打开一个查询，查询名为 qT，如果采用 VBA 代码完成，应使用的语句是＿＿＿＿。

（15）分支结构在程序执行时，根据＿＿＿＿选择执行不同的程序语句。

（16）以下程序段的输出结果是＿＿＿＿。

```
num=0
While num<=5
    num=num+1
Wend
Msgbox num
```

（17）执行下面的程序，消息框里显示的结果是＿＿＿＿。

```
Private Sub Form_Click()
    Dim Str As String,k As Integer
    Str="ab"
    For k=Len(Str) To 1 Step -1
        Str=Str & Chr(Asc(Mid(Str,k,1))+k)
    Next k
    MsgBox Str
End Sub
```

（18）执行下面的程序段后，b 的值为＿＿＿＿。

```
a=5
b=7
a=a+b
b=a-b
a=a-b
```

（19）下面程序的功能是计算折旧年限。假设一台机器的原价值为 100 万元，如果每年的折旧率为 4%，多少年后它的价值不足 50 万元。请填空。

```
y=0
p=100
x=0.04
Do
    p=p * (1-x)
    y=y+1
Loop Until p< _____
MsgBox y
```

（20）在名为 Form1 的窗体上添加三个文本框和一个命令按钮，其名称分别为 Text1、Text2、Text3 和 Command1，然后编写如下两个事件过程：

```
Private Sub Command1_Click()
    Text3=Text1+Text2
End Sub
```

```
Private Sub Form1_Load()
    Text1=""
    Text2=""
    Text3=""
End Sub
```

打开窗体 Form1 后,在第一个文本框(Text1)和第二个文本框(Text2)中分别输入 5 和 7,然后单击命令按钮 Command1,则文本框(Text3)中显示的内容为_____。

实 验 8

实验目的:熟悉模块的编辑、调试与运行。

实验要求:按照内容要求,编辑、调试与运行模块。

实验学时:2 课时

实验内容与提示:

(1) 请按例 8-4 设计如图 8.11 所示的窗体,窗体名为 Alth,为命令按钮 Command1 设置图 8.12 所示的代码。然后创建一个关闭该窗体的宏 Alth。最后为"关闭"按钮设置单击事件,运行该宏。

(2) 请按例 8-13 新建一个窗体,在窗体中添加一个名称为 Command1 的命令按钮,然后为命令按钮编写如图 8.16 所示的事件运行该窗体,单击 Command1 命令按钮,测试程序的输出。如果把 Private Sub s(ByVal p As Integer)中的 ByVal 省略或改为 ByRef,测试程序的输出。请解释这是什么原因。

第 9 章 数据库应用系统开发与集成

在前面的章节中,我们讨论了 Access 数据库管理系统基本知识、基本操作与简单的应用,且通过一个高校教师信息管理系统对数据库各种对象的建立方法与功能进行了详细的介绍。通过前面章节的学习,读者对一个数据库管理系统的开发已有了一个初步的认识。本章仍以高校教师信息管理系统的开发为例,从系统分析、系统设计以及系统的实现等方面进行全面介绍,目的是对前面的内容进行整合与总结,以此来提高学生数据库应用系统的开发能力。

主要学习内容
- 系统分析与设计;
- 系统实现。

9.1 系统分析与设计

任何系统的开发都必须遵循系统的开发过程。这个过程就包括了系统分析与设计两个非常重要的环节。系统分析包括系统需求分析与功能定义。系统的设计主要包括数据库的设计与各功能模块的设计。

9.1.1 需求分析

对一个软件开发人员来说,他所设计的软件是否成功取决于两个方面,一是该软件能否正常运行,另一方面是能否很好地满足用户的需求。因此,开发系统的第一步应该对系统的用户需求进行分析。需求分析主要包括系统规划与系统分析两个方面。本节将介绍高校教师信息管理系统的开发背景,然后按照系统开发过程进行可行性分析和系统分析,最后给出高校教师信息管理系统的模型。

1. 开发背景

随着信息技术的发展,人们对信息的需求越来越大,对信息处理的需求越来越高。传统手工进行信息管理已暴露出很多的弊端,如数据处理能力有限、工作效率低下、不能及时提供最新的信息等。因此,开发一个现代计算机管理的教师信息管理系统势在必行。通过对高校教师信息管理的过程与数据管理的内容进行调查可知,目前,高校教师信息管理主要包括教师基本信息管理、教师授课信息管理、教师立项信息管理、教师发表论文信息管理、教师出版书籍信息管理与教师所获荣誉信息管理等 6 项工作。管理的内容分别是：

教师基本信息表：编号、姓名、性别、出生日期、政治面貌、参加工作时间，学历、职称、系别、所学专业、专业方向、联系电话等。

教师授课信息表：授课编号、教师编号、课程名称、授课班级、授课学年、学时、授课地点。

教师发表论文信息表：编号、教师编号、标题、发表时间、发表刊物、等级、获奖情况。

教师主持项目信息表：编号、教师编号、主要参与人、名称、来源、级别、起始时间、结束时间、是否结题。

教师出版物信息表：出版刊号、教师编号、参编人员、类别、书名、出版时间、出版社、获奖情况。

教师所获荣誉信息表：编号、称号、教师编号、级别、授予时间、授予单位。

2．系统分析

通过调查与分析，教师信息管理系统应该具备的各种功能信息的录入、浏览、查询、统计与报表的打印等。

具体每项功能的要求如表 9-1 所示。

表 9-1　系统功能明细表

功能	具 体 要 求
录入	录入基本信息、授课信息、立项信息、论文信息、出版书籍信息与所获荣誉信息
浏览	浏览基本信息、授课信息、立项信息、论文信息、出版书籍信息与所获荣誉信息
查询	按姓名分别查询教师基本信息、授课信息、立项信息、论文信息、出版书籍信息与所获荣誉信息。能查询教师到期未结题信息
统计	按职称统计人数；按姓名统计发表论文数、立项数、出版书籍数
报表打印	打印基本信息、授课信息、立项信息、论文信息、出版书籍信息与所获荣誉信息报表

9.1.2　系统设计

当我们对用户需求进行了分析，确定系统开发可行与系统的功能后，还需要进行系统设计、系统的模块划分等工作。

1．数据库设计

从前面需求分析可知，高校教师信息管理系统收集的数据有教师基本信息、教师授课信息、教师立项信息、教师发表论文信息、教师出版书籍信息与教师所获荣誉信息。通过数据库设计过程与范式设计要求，得到数据库中的表结构见实验 1 的表 1-15～表 1-20 所示。

2. 模块设计

根据前面对用户需求分析，依据系统功能原则，将整个系统进行了模块划分，得到如图 9.1 所示的功能模块图。

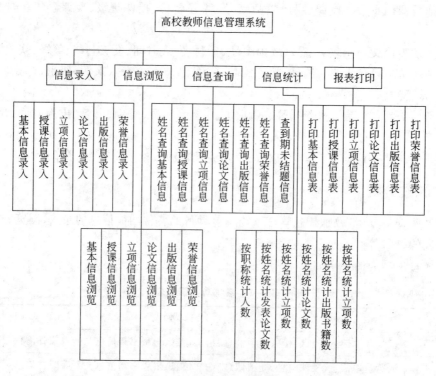

图 9.1 高校教师信息管理系统模块图

按此模块形成如图 9.2 所示的教学管理系统主菜单界面。

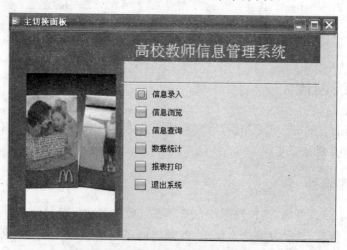

图 9.2 教师信息管理系统主菜单界面

———— Access 数据库技术与应用

9.2 系统实现

在 Access 中,一个数据库应用系统的实现主要包括数据库的创建、表的创建、查询设计、窗体设计与宏的实现,以及系统的集成。

9.2.1 数据库的创建

使用 Access 数据库管理系统建立应用系统,首先需创建一个数据库,然后在该数据库中添加所需的表、查询、窗体、报表与宏等对象。创建的数据库为 TeacherInfo.mdb。

1. 创建表对象

需创建的表如表 9-2 所示,数据库表对象如图 9.3 所示。

表 9-2 TeacherInfo 数据库中的表

表　名	存放的数据	表　名	存放的数据
TIMS_TeacherInfo	用于存放教师基本数据	TIMS_ProjectInfo	用于存放教师立项数据
TIMS_LectureInfo	用于存放教师授课数据	TIMS_PublicationInfo	用于存放教师出版书籍数据
TIMS_PaperInfo	用于存放教师发表论文数据	TIMS_honourInfo	用于存放教师所获荣誉数据

注意:表结构请参见第 2 章实验内容。

图 9.3 TeacherInfo 数据库的表对象

2. 创建关系

表 TIMS_LectureInfo、TIMS_PaperInfo、TIMS_ProjectInfo、TIMS_PublicationInfo 与 TIMS_honourInfo 通过 Teach_ID 与 TIMS_TeacherInfo 关联起来。关系图如图 9.4 所示。

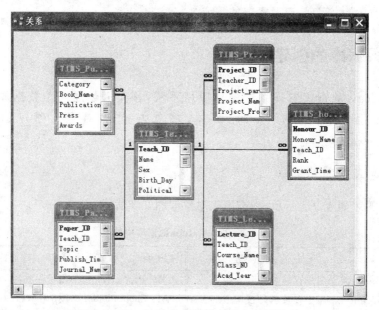

图 9.4　TeacherInfo 数据库中表之间的关系

3. 创建查询对象

需创建的查询如表 9-3 所示，数据库查询对象如图 9.5 所示。

表 9-3　TeacherInfo 数据库中的查询

查 询 名	查询的作用	查询类别
qT_TeacherInfo	按姓名查询教师基本信息	参数查询
qT_Lecture	按姓名查询教师授课信息	参数查询
qT_Paper	按姓名查询教师发表论文信息	参数查询
qT_Project	按姓名查询教师立项信息	参数查询
qT_Honour	按姓名查询教师所获荣誉信息	参数查询
qT_Publication	按姓名查询教师出版书籍信息	参数查询
qT_Title_Tech	按职称查询教师基本信息	参数查询
qT_Project_Finished	查询项目到期未结题信息	选择查询
Paper_Count	统计发表论文数	总计查询
Project_Count	统计立项数	总计查询
Publication_Count	统计出版书籍数	总计查询
Title_TechicalCount	按职称统计教师人数	总计查询

图 9.5 TeacherInfo 数据库的查询对象

4. 创建窗体对象

需创建的窗体如表 9-4 所示,数据库窗体对象如图 9.6 所示。

表 9-4 TeacherInfo 数据库中的窗体对象

窗 体 名	窗体的作用
Window_TIMS_TeacherInfo	用于输入教师基本信息
Window_TIMS_LectureInfo	用于输入教师授课信息
Window_TIMS_PaperInfo	用于输入教师论文信息
Window_TIMS_ProjectInfo	用于输入教师立项信息
Window_qT_Publication	用于输入教师出版书籍信息
Window_TIMS_honourInfo	用于输入教师荣誉信息
Window_qT_TeacherInfo	用于输出按姓名查询的教师基本信息
Window_qT_Paper	用于输出按姓名查询的教师论文信息
Windows_qT_Lecture	用于输出按姓名查询的教师授课信息
Window_qT_Project	用于输出按姓名查询的教师立项信息
Window_qT_Publication	用于输出按姓名查询的教师出版信息
Windows_qT_Honour	用于输出按姓名查询的教师荣誉信息
Window_InfoBrowse	用于浏览教师的各种信息
Window_InfoCount	用于输出统计的各种数据

5. 创建宏对象

需创建的宏如表 9-5 所示,数据库宏对象如图 9.7 所示。

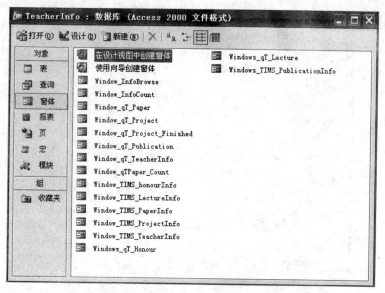

图 9.6　TeacherInfo 数据库的窗体对象

表 9-5　TeacherInfo 数据库中的宏对象

宏 或 宏 组	宏 的 作 用
qT_windows 宏组	用于打开查询窗体
PrintReport 宏组	用于打开相应的报表

说明：PrintReport 宏组打开的报表，参数设置时视图为打印预览。如果要通过打印机输出，则需改为打印方式

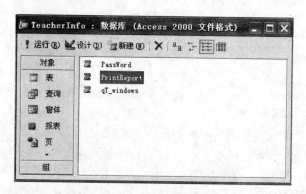

图 9.7　TeacherInfo 数据库的宏对象

9.2.2　信息的集成

当按照系统开发步骤完成了"高校教师信息管理系统"中所有功能的设计后，需要将

它们组合在一起,形成最终的应用系统,以供用户方便地使用。为完成应用系统的集成,要做好集成前的准备工作。首先检查系统各对象是否创建并能正确运行,然后选择集成的方法。

在前面的实验中,实际上我们已采用集成的方法对系统进行了简单的集成。Access也提供了切换面板管理器工具将系统集成的方法,在此,介绍用切换面板管理器工具来集成高校教师管理系统的方法。

1. 启动切换面板

选择"工具"→"数据库应用工具"→"切换面板管理器"命令。如果是第一次使用切换面板管理器,Access将显示一个如图9.8所示的对话框,单击"是"按钮,弹出如图9.9所示的"切换面板管理器"对话框。

图9.8 新建切换面板对话框

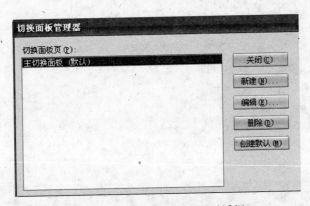

图9.9 "切换面板管理器"对话框

2. 建立系统的切换面板页

通过前面的系统实现过程来看,该应用需要4个面板页。每个面板上的项目如图9.10～图9.13所示。创建过程如下:

(1)单击对话框的"新建"按钮,在"切换面板页"的列表框中分别建立如图9.14所示切换面板页,且将"主面板"创建为"默认"。所谓默认即为启动切换面板窗体时打开的面板。

(2)选择"主面板",单击"编辑"按钮。打开如图9.15所示的面板项设计对话框。在对话框中单击"新建"按钮,创建"信息输入"、"信息查询"、"信息浏览"、"信息统计"、"报表

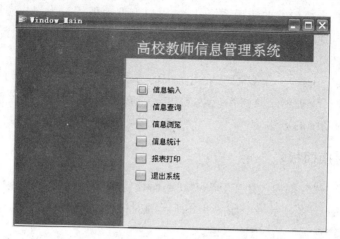

图 9.10　主面板

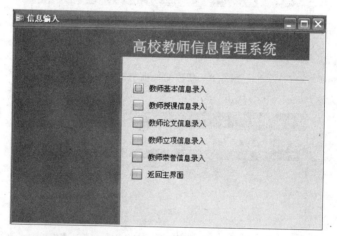

图 9.11　信息输入面板

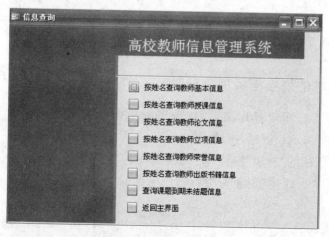

图 9.12　信息查询面板

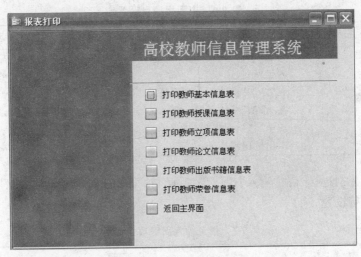

图 9.13　信息打印面板

打印"与"退出系统"项目。每项的文本与命令设置如表 9-6 所示。单击"关闭"按钮,返回图 9.14 所示的对话框。

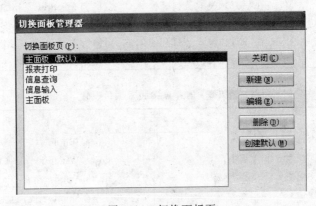

图 9.14　切换面板页

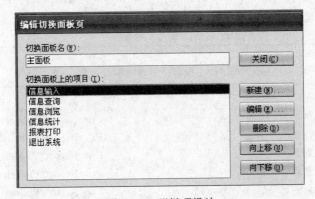

图 9.15　面板项设计

表 9-6 主面板项目设置

文　本	命　令	说　明
信息输入	转至"切换面板"	切换面板为：信息输入
信息查询	转至"切换面板"	切换面板为：信息查询
信息浏览	在"添加"模式下打开窗体	窗体为 Window_InfoBrowse
信息统计	在"添加"模式下打开窗体	窗体为 Window_InfoCount
报表打印	转至"切换面板"	切换面板为：报表打印
退出系统	退出应用程序	

（3）然后分别选择"信息输入"、"信息查询"与"报表打印"面板，对面板项按表 9-7 至表 9-9 所示进行设置。

表 9-7 信息输入面板项目设置

文　本	命　令	说　明
教师基本信息录入	在"添加"模式下打开窗体	窗体为 Window_TIMS_TeacherInfo
教师授课信息录入	在"添加"模式下打开窗体	窗体为 Window_TIMS_LectureInfo
教师论文信息录入	在"添加"模式下打开窗体	窗体为 Window_TIMS_PaperInfo
教师立项信息录入	在"添加"模式下打开窗体	窗体为 Window_TIMS_ProjectInfo
教师荣誉信息录入	在"添加"模式下打开窗体	窗体为 Window_TIMS_honourInfo
教师出版书籍信息录入	在"添加"模式下打开窗体	窗体为 Windows_TIMS_PublicationInfo
返回主界面	转至"切换面板"	切换面板为：主面板

表 9-8 信息查询面板项目设置

文　本	命　令	说　明
按姓名查询教师基本信息	运行宏	qT_windows. Window_qT_TeacherInfo_OP
按姓名查询教师授课信息	运行宏	qT_windows. Windows_qT_Lecture_OP
按姓名查询教师论文信息	运行宏	qT_windows. Window_qT_Paper_OP
按姓名查询教师立项信息	运行宏	qT_windows. Window_qT_Project_OP
按姓名查询教师荣誉信息	运行宏	qT_windows. Windows_qT_Honour_OP
按姓名查询教师出版书籍信息	运行宏	qT_windows. Window_qT_Publication_OP
查询课题到期未结题信息	运行宏	qT_windows. Window_qT_Project_Finished_OP
返回主界面	转至"切换面板"	主面板

表 9-9 报表打印面板项目设置

文　本	命　令	说　明
打印教师基本信息表	运行宏	PrintReport. TeacherInfo_Report
打印教师授课信息表	运行宏	PrintReport. LectureInfo_Report
打印教师立项信息表	运行宏	PrintReport. ProjectInfo_Report
打印教师论文信息表	运行宏	PrintReport. PaperInfo_Report
打印教师出版书籍信息表	运行宏	PrintReport. PublicationInfo_Report
打印教师荣誉信息表	运行宏	PrintReport. honourInfo_Report
返回主界面	转至"切换面板"	主面板

（4）关闭对话框，此时应用系统的切换面板创建已完成。此时，在数据库窗体对象中增加了"切换面板"的窗体，同时在表对象中增加了一个 Switchboard Items 表。

（5）双击该窗体，对切换面板进行测试，检查系统的各个功能是否能实现。

（6）关闭窗体，把窗体重命名为"高校教师信息管理系统"。同时，用窗体设计器打开窗体，添加"高校教师信息管理系统"的标签，添加图像控件，如图 9.2 所示。

9.2.3　应用系统的启动设置

如果想在打开 TeacherInfo 数据库时自动运行系统，可通过以下步骤完成设置：
选择"工具"→"启动"命令，打开如图 9.16 所示的"启动"对话框。

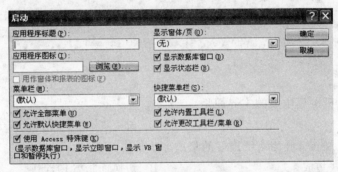

图 9.16　"启动"对话框

在该对话框中对如何启动数据应用系统以及是否显示各类菜单和工具栏进行相应的设置，本系统设置的结果如图 9.17 所示。其中，将"高校教师信息管理系统"窗体作为启动后显示的第一个窗体，这样，在用户打开 TeacherInfo 数据库时，Access 会自动打开"高校教师信息管理"窗体，直接进入系统的主界面。对于一个需直接启动的数据库应用系统来说，这一功能非常重要。

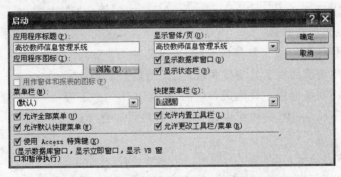

图 9.17　本应用系统的启动对话框各项设置

注意：当某一数据库应用系统设置了启动窗体，在打开数据库应用系统时，不想运行设置的窗体，可在打开这个数据库时按 Shift 键。

到此为止，一个简单的数据库应用系统开发工作就结束了，后面的工作就是对应用系统进行测试与完善,希望读者花一定的时间去完成。

小　结

- 一个应用系统的开发分系统分析、系统设计以及系统的实现三个阶段。
- 系统设计包括数据库设计与功能设计。
- 系统的实现包括数据与数据库各对象的创建以及系统的集成。
- 系统集成采用 Access 的"切换面板管理器工具"来实现。

习　题　9

1. 单选题

(1) 切换面板工具生成的主界面是_____。

    A. 表　　　　　　B. 窗体　　　　　　C. 宏　　　　　　D. 查询

(2) 在 Access 中,应用系统最好的集成方法是_____。

    A. 手式集成　　　　　　　　　　B. 切换面板管理器

    C. 无法集成　　　　　　　　　　D. 通过别的集成系统

(3) 切换面板中有一个项目为返回主界面,该项目的命令应选择_____。

    A. 转至"切换面板"　　　　　　B. 在"添加"模式下打开窗体

    C. 退出应用程序　　　　　　　　D. 运行宏

(4) 运行切换面板工具创建的窗体显示的面板为_____。

    A. 面板列表中的第一个面板　　B. 创建为"默认"的面板

    C. 由用户打开的窗体决定　　　　D. 主界面面板

(5) 下面说法正确的是_____。

    A. 使用切换面板工具集成系统时,仅创建一个窗体

    B. 使用切换面板工具集成系统时,仅创建一个表

    C. 使用切换面板工具集成系统时,它会创建一个工程

    D. 在 Access 中,窗体可以设置为打开数据库自动运行

2. 填空题

(1) 使用切换面板工具集成系统时,它会创建一个表,该表名为_____。

(2) 用户_____(可以/不可以)为切换面板工具创建的窗体重命名。

(3) 在 Access 中,应用系统集成的工具为_____。

(4) 打开数据库时,如果不想运行启动项,需按_____键。

(5) 切换面板中项目的设置不单要设置文本,还需为相应的文本设置_____。

实　验　9

实验目的：实现高校教师信息管理系统的集成方法与集成过程。

实验要求：设计各切换面板，配置启动对话框，完成测试。

实验学时：2 课时。

实验内容与提示：

(1) 请按照本章内容完成高校教师信息管理系统切换面板的设计。

(2) 打开主切换面板对系统进行全面测试。

附录　习题参考答案

第1章　数据库技术概述

单选题

(1) B　(2) C　(3) D　(4) B　(5) D　(6) C　(7) D　(8) B　(9) D
(10) D　(11) C　(12) D　(13) C　(14) B　(15) C　(16) A　(17) B　(18) C
(19) A　(20) D　(21) D　(22) C　(23) C　(24) A　(25) B　(26) A　(27) B
(28) D　(29) C　(30) B　(31) A　(32) C　(33) A　(34) A　(35) A

第2章　数据库、表的建立与维护

单选题

(1) C　(2) A　(3) C　(4) D　(5) C　(6) D　(7) B　(8) A　(9) B
(10) C　(11) C　(12) B　(13) B　(14) B　(15) B　(16) C　(17) A　(18) C
(19) A　(20) A　(21) C　(22) C　(23) A　(24) D　(25) A　(26) D　(27) D
(28) D　(29) C　(30) C　(31) A　(32) D　(33) B　(34) C

填空题

(1) 多字段　　　　(2) 外部关键字　　　　(3) L　　　　(4) mdb
(5) 选择　　　　　(6) 备注　　　　　　 (7) 关系　　　(8) 货币型
(9) 数据访问页

第3章　查询

单选题

(1) C　(2) C　(3) C　(4) C　(5) D　(6) B　(7) B　(8) C　(9) A
(10) C　(11) B　(12) C　(13) C　(14) D　(15) B　(16) D　(17) A　(18) B
(19) B　(20) B　(21) A　(22) A　(23) C　(24) B　(25) C　(26) B　(27) D
(28) C　(29) C　(30) C　(31) C　(32) A　(33) C　(34) A　(35) B　(36) B
(37) C　(38) B

填空题

(1) 更新查询　　(2) ORDER BY 或 order by　　　　　(3) 参数
(4) ♯　　　　　(5) * FROM 图书表 或 * FROM 图书表；(6) 参数查询
(7) 联合查询　　(8) Group By
(9) Between Date() And Date()-20　　　　　　　　(10) 列标题

第4章　窗体

单选题

(1) C　(2) D　(3) C　(4) B　(5) B　(6) C　(7) B　(8) D　(9) C

(10) D (11) B (12) B (13) D (14) B (15) D (16) C (17) A (18) D
(19) B (20) B (21) A (22) B (23) C (24) D (25) C (26) C (27) C
(28) D

填空题

(1) 数据表窗体 　　　(2) 节 (3) 查询

(4) 字段名 或 字段名称 　　(5) 节 (6) 输入数据值 或 输入新值 或 输入新的值

(7) 数据表

第5章　报表

单选题

(1) A (2) D (3) B (4) D (5) D (6) B (7) B (8) C (9) A
(10) B (11) D (12) D (13) B (14) B (15) D (16) D (17) B (18) B
(19) D (20) A (21) B (22) C (23) B (24) B (25) B (26) A (27) D
(28) D (29) B (30) D

填空题

(1) 相同 　　　　(2) 主体 　　　(3) 第一页顶部 或 首页顶部

(4) 主体 或 主体节 (5) 图表报表 (6) 每页底部 或 每页的底部

(7) 表格式 　　　(8) 文本框或其他类型控件 或 文本框

(9) 分页符 或 分页控制符 　　　(10) 查询

第6章　数据访问页

单选题

(1) A (2) D (3) B (4) C (5) B (6) D (7) C (8) D (9) B
(10) A (11) C (12) C (13) C

填空题

(1) 设计视图 　　　(2) 数据访问页

(3) 滚动文字 　　　(4) 超级链接

第7章　宏

单选题

(1) B (2) A (3) B (4) B (5) A (6) A (7) C (8) D (9) D
(10) B (11) A (12) D (13) A (14) D (15) A (16) C (17) A (18) A
(19) D (20) C (21) A (22) A (23) D (24) B (25) B (26) D

填空题

(1) 操作 　　　　(2) 条件操作宏 　　(3) RunSQL

(4) OpenTable 　　(5) 宏组名.宏名 　　(6) 宏组

(7) 排列次序 或 操作的排列次序 　　(8) Autoexec

第8章　模块

单选题

(1) D　(2) B　(3) A　(4) B　(5) C　(6) A　(7) A　(8) D　(9) D
(10) C　(11) A　(12) C　(13) B　(14) A　(15) A　(16) D　(17) A　(18) B
(19) A　(20) A　(21) B　(22) B　(23) C　(24) A　(25) B　(26) D　(27) B
(28) A　(29) A　(30) C　(31) D　(32) C　(33) C　(34) C　(35) B　(36) A
(37) B　(38) C　(39) D　(40) C　(41) C　(42) B　(43) B　(44) B　(45) D
(46) B　(47) B　(48) D　(49) A　(50) D

填空题

(1) 返回当前系统的日期和时间　　　(2) Len() 或 Len

(3) 信息　　　(4) Docmd. Quit 或 Application. Quit 或 Quit

(5) 事件过程 或 事件响应代码　　　(6) 动态

(7) 事件过程 或 事件响应代码　　　(8) AutoExec

(9) Double　　　(10) Variant

(11) −4　　　(12) Function

(13) 1　　　(14) Docmd. OpenQuery "qT".

(15) 条件表达式的值　　　(16) 6

(17) abdb　　　(18) 5

(19) 50　　　(20) 57

第9章　数据库应用系统开发与集成

单选题

(1) B　(2) B　(3) A　(4) B　(5) D

填空题

(1) SwitchboardItems　　　(2) 可以

(3) 切换面板工具　　　(4) Shift

(5) 命令

参 考 文 献

[1] Database Solutions：A step by step guide to building databases，Second Edition by Thomas M Connolly，Carolyn E Begg，copyright 2004.

[2] 教育部考试中心. Access 数据库程序设计. 北京：中国水利水电出版社，2007.

[3] 郑小玲，王学军. Access 案例导航. 北京：科学出版社，2003.

[4] 陈振. 大学计算机基础. 北京：中国水利水电出版社，2009.

[5] 程伟渊. 数据库基础——Access 2003 应用教程. 北京：中国水利水电出版社，2007.

[6] Microsoft 公司. 网络基本架构的实现和管理——Windows 2000 网络基本架构的实现和管理. 北京：高等教育出版社，2003.

高等学校计算机基础教育教材精选